포스트 팬데믹 시대

자연치유 경영

포스트 팬데믹 시대

자연치유 경영

초판 1쇄 인쇄일 2023년 10월 25일
초판 1쇄 발행일 2023년 11월 15일

지은이 조성주 오혜린 오은경 오정훈
감   수 우광식
펴낸이 양옥매
디자인 송다희 표지혜
교   정 조준경

펴낸곳 도서출판 책과나무
출판등록 제2012-000376
주소 서울특별시 마포구 방울내로 79 이노빌딩 302호
대표전화 02.372.1537   **팩스** 02.372.1538
이메일 booknamu2007@naver.com
홈페이지 www.booknamu.com
ISBN 979-11-6752-366-2 (03590)

포스트 팬데믹 시대

자연치유 ✳ 경영

POST PANDEMIC
NATURAL HEALING MANAGEMENT

| 건강의 비결은 몸 안에 있다 |

조성주 · 오혜린 · 오은경 · 오정훈 · 지음

다시 몸으로

인류의 약 3분의 1이 실제로 몰살된 팬데믹이 역사상 두 차례 있었다. 하나는 로마 제국 시대의 유스티니아누스 페스트고, 다른 하나는 14세기의 흑사병이었다. COVID-19(이후 '코로나'로 표기) 팬데믹 이전의 가장 컸던 팬데믹은 100년 전의 스페인 독감이었다. 1918년에 확산되어 1년간 최대 5천만 명이 사망했다.

그런가 하면, 인류가 성공적인 백신을 만들어 사실상 종식시킨 감염병도 있다. 18세기 말의 천연두 백신과 19세기의 탄저병 백신, 그리고 소아마비 백신과 홍역이다. 이 중 소아마비 백신은 기록적인 성과를 낳았는데, 1950년대 이후 소아마비 발병률은 기존 대비 10% 미만으로 줄었고, 현재는 아프리카 몇 개국을 제외한 대부분의 나라에서 소아마비 종식을 선언한 상태다.

이렇게 보면 인류의 과학기술이 전염성 바이러스를 억제하는 것에 성공한 듯 보이지만, 실상은 그렇지 않다. 인간의 질병 중 유일하게 퇴치된 것은 천연두뿐이다. 2017년 마다가스카르에선 페스트로 200명 이상이 사망했고, 콜레라의 경우 매년 200건 이상의 지역 확산이 이어지고 있다. 2000년에 말라리아로 인한 사망자는 1,500만 명이었다. 지카, 에볼라, 조류인플루엔자, HIV(AIDS) 등의 바이러스에 대해서는 더 말할 것도 없다.

당장 2023년 8월에 확산되기 시작한 코로나 변이종의 하나인 BA.2.86(일명 피롤라)도 현재로서는 백신이 없는 상태다. 일반인들은 팬데믹이 종식 단계에 접어들었다고 오인하기도 하지만, 많은 전문가는 머지않아 다음 팬데믹이 닥쳐올 것이라 추정한다. 오미크론 변이종의 숫자가 얼마나 늘어날지는 아무도 모른다. 인류가 백신으로 대응하듯 바이러스 또한 감염(번식)을 위해 끝없이 변이하기 때문이다.

코로나19 팬데믹 기간 세계에서 690만 명이 넘는 인구가 사망했고, 선제적으로 대응했다는 한국에서도 3만 5천여 명이 사망했다. 3,400만 명이 넘는 사람들이 확진 경험이 있는데, 이는 한국 전체 인구의 66% 수준이다. 인류를 급습한 재앙에서 살아남았기에 우리는 생존자인 셈이다.

이 기간 심각한 사고를 당해 당장 수술과 수혈이 필요한 외상 환자들은 코로나 음성 결과가 나오기를 기다리며 응급실에서 대기하다 숨을 거뒀고, 건강하던 부모님이 격리 병동으로 이송된 며칠 후 사망했다는 소식을 전해 들어야 했다. 중증 감염자들이 세상을 떠나는 여정은 차가웠다. 그들이 고통 속에서 마지막으로 본 장면은 중환자실 밖 유리 벽

너머에서 절규하던 가족의 모습이었다. 아니, 대다수는 가족의 면회가 제한되어 있던 차가운 새벽에 이곳을 떠났다.

필자는 36년이라는 세월을 간호사로 일하면서 삶에 대한 소망과 죽음이 교차하는 장면들을 보았다. 아프지 않은 일상을 사는 사람에게 행복이란 집과 자산, 명예와 성공 같은 것이지만, 앙상한 몸으로 얼마 남지 않은 숨을 가쁘게 몰아쉬는 이들에게 행복이란 건강한 몸으로 가족의 품으로 돌아가는 것이다. 그리고 그 소망은 너무나 간절해서 한때 잘나 갔다는 시절의 승벽심과 무절제함을 종국에는 참회하는 단계로까지 나아가는 것을 자주 지켜보았다.

감염병으로 인한 사망자 3만 5천여 명. 이들 중 누구도 자신이 차가운 시트 위에서 병사(病死)할 것을 예견하지 못했을 것이다. 이 숫자 속엔 3만 5천여 개의 사연이 있다. 남겨진 사람들에게 지난 팬데믹은 남들과는 또 다른 상흔으로 남았을 것이다. 지난 팬데믹을 그저 유례없이 짧은 기간에 백신을 만드는 데 성공했던 인류의 승리라고 치부할 수 없는 이유다.

감염의 파고는 주기적으로 덮치는 조수의 간만을 반복했기에, 과거의 일상을 영영 회복하지 못할지도 모른다는 불안감을 느꼈던 사람이 필자만은 아니었을 것이다. 2023년 8월 한국 질병관리청은 코로나 감염병 등급을 기존 2급에서 인플루엔자(독감)와 같은 4급으로 하향 조정했다. 사실상 엔데믹(endemic: 풍토병)으로 관리하겠다는 뜻이다. 2020년 1월 코로나가 국내에 유입된 이래 3년 8개월 만의 조치다.

이에 우리는 비로소 친구와 포옹하고 손을 잡고 천변의 가로수 길을 걸어 카페에서 마스크를 벗고 커피를 마시는 그 일상을 찾았다. 영화에선 주로 생존자가 안온한 일상으로 돌아가고 가족과 재회하는 것으로 이야기를 매듭짓는다. 하지만 현실의 팬데믹 생존자는 계속 살아 내야 한다. 그리고 그 삶은 분명 팬데믹 이전과는 다른 것이어야 한다.

팬데믹 기간 회자되던 담론은 크게 두 가지였다. '인류에 대한 자연의 복수'와 '초라해진 인간의 면역력'에 관한 것이다. 원래 제한된 영역에서 야생동물을 숙주 삼아 있던 바이러스들은 숙주들의 영토가 인간에 의해 침탈당하자 거침없이 인간의 영역으로 진입하기 시작했다. 공장식 밀집 사육은 바이러스에겐 더없이 좋은 확산 진로였다. 지구 온난화로 인해 적도 인근에서만 출몰하던 바이러스가 중국 등의 대륙 남부까지 전파된 것도 마찬가지다.

폭염과 홍수, 산불이 전 대륙을 휩쓸고 오랜 세월 빙하 속에 갇혀 있던 고대의 바이러스들은 녹아 버린 북극의 동토 위에서 깨어나고 있다. 이 문제들은 근본적이며 거대한 질문을 담고 있다. 현재까지 그 어떤 백신도 100% 안전하지 않다는 것은 개발자와 임상의 모두 인정하고 있는 사실이다. 이제는 바이러스 자체가 아닌 내 몸의 치유력으로 관심을 돌려야 한다. 인류에게 닥칠 건강 위협은 보다 본질적이고 거대한 것이기 때문이다.

인류는 과거에 비해 훨씬 많은 칼로리를 섭취하고도 더 허약해졌다. 일부 빈국을 제외하고는 대부분의 나라에서 50년 전과는 달리 필요한 영양소를 수월하게 얻을 수 있다. 하지만 대부분 사람들의 식사 패턴은 불규칙하고 그 범주를 나누기 점점 어려워지고 있다. 대형마트의 카트에 담긴 음식들을 보면 더욱 분명해진다. 고단백 냉장식품에서 가공육과 기름으로 초벌한 냉장식품, 스낵과 단당류가 잔뜩 들어간 음료수까지.

20년 전에 세계에서 가장 건강한 식단이라고 평가받았던 국가는 주요 선진국이 아닌 사하라 사막 이남의 저개발 국가들이었다. 차드·말리·카메룬·가이아나·튀니지·라오스·과테말라 등이었고, 가장 나쁜 식단을 가진 나라는 아르메니아·헝가리·벨기에·미국·러시아·아이슬란드·브라질·콜롬비아 등이었다.

사하라 이남의 국가에선 현미와 콩과 채소, 그리고 갓 잡은 생선은 쉽게 구할 수 있었는데 주요 곡물인 수수와 옥수수, 조와 통곡물(테프)이 다양했고 절인 채소 역시 식단의 단골 메뉴였다. 이와 비교해 나쁜 식단을 가진 나라에선 공통으로 채소 소비량은 그대로인데, 과당음료와 비스킷 등의 간식, 정제 탄수화물과 가공육 소비는 늘었다. 가난한 나라의 사람들이 더 건강하게 먹고 있다는 조사 결과는 선진국의 영양학계를 불편하게 만들었다. 영양학계는 80년 전부터 영양실조와 필수 영양소 결핍 문제에만 천착했다. 칼로리에만 집중했지, 건강한 영양소와 식단은 간과했다.

불행히도 이제 세계인의 식단은 20년 전에 비해 더욱 획일화되었다. 뉴욕에서 밀라노, 상하이, 서울, 케이프타운에 이르기까지 식단은 감자칩과 햄버거, 캔 콜라와 토스트, 치킨과 피자, 베이컨, 햄, 즉석 냉동식품 같은 것으로 대체되었다. 또한 건강했던 잡곡 주식 역시 정제

밀로 바꿔었고, 전통적인 기름 대신 식물 추출 기름이 식단을 점령했다. 이제 사하라 남부의 식단도 특별할 것이 못 된다. '지중해 식단'이 유명했지만 이제 지중해 어린이들 역시 올리브 오일과 생선 요리 대신 콜라와 햄버거, 토스트와 스낵을 즐긴다.

1900년대 인류는 하루 15g의 당만을 섭취할 수 있었지만, 이제는 편의점에서 집어든 콜라 한 캔엔 액상과당이 23g 들어있다. 카페 매대에 놓인 작은 컵케이크에는 당류만 36g이 들어 있고 스무디와 에이드엔 평균 65g의 당이 함유되어 있다. 미국인은 2020년에 이미 하루 당 섭취량 130g을 돌파했다. 인류 입맛의 균질화는 전례가 없는 일이다. 한 세기 만에 인류의 식탁을 바꿔 놓은 식품산업의 전략 상품은 바로 액상과당, 정제 탄수화물, 가공육, 트랜스지방과 오메가6 식용유다.

1990년에 인도의 젊은 의사 치타란잔 야즈닉에 의해 처음으로 '마른 비만 아기' 현상이 학계에 보고되었다. 2형 당뇨병이 노화와 비만에서 비롯된다는 건 의학의 교과서 『해리슨의 내과학 원리』에도 쓰여 있는 상식이었다. 하지만 그가 조사한 인도의 아기 600명은 몸무게는 가벼웠지만 복부에 서양 아기들보다 많은 지방이 집중되어 있었다. 2형 당뇨병 환자들이었다.

원래 인도인에게는 '절약형 유전자'가 있다고 알려졌었다. 수 세대에 걸친 영양 결핍으로 적은 영양소로도 생존할 수 있는 유전자다. 아이들은 이 유전자를 가지고 태어났지만, 1990년대의 생활환경은 이 '진화의 선물'을 저주로 바꾸었다. 산모들에게 충분한 영양을 공급받은 인도 아기들은 '절약형 유전자'로 인해 먹는 족족 지방을 저장한 것이다. 1980

년대와 1990년대에 2형 당뇨를 얻은 인도인은 지금 성인이 되어서도 당뇨병을 앓고 있다. 인도는 현재 세계 2위의 당뇨 유병률을 보이고 있으며, 2016년 기준 1억 3,500만 명이 당뇨 유병자다. 인도 인구 40%가 당뇨를 앓고 있는 셈이다.

한국의 상황도 매우 심각하다. 성인 인구 5명 중 1명이 당뇨 유병자이며, 10명 중 3명은 비알코올성 지방간 환자다. 고지혈증과 심혈관 질환, 췌장과 간 염증은 여기에 동반된다. 의료비용 지출은 천정부지로 치솟고 있으며 염증으로 인한 대사질환 유병자 역시 급증하고 있다.

우리는 과거에 비해 더 많이 먹지만 영양적으로는 결핍되었고 더 허약해져서 더 자주 병원에 가게 되었다. 망가진 대사 능력으로 인해 음식이 몸에 들어와도 이를 효과적으로 에너지로 전환해 사용하지 못한다. 그래서 인류는 더욱더 허기진다. 자동차에 비유하자면 연비가 나빠진 것이다. 한국을 비롯해서 인류의 면역 시스템이 이렇게까지 망가졌던 시대가 있었을까?

이 책의 내용은 몸과 마음의 치유에 관한 것이지만, 본질적으로는 '행복으로의 경로'에 대한 것이다. 몸과 마음의 건강을 통해 행복을 가꾸려는 이들을 위한 책이다. 원래 사람이 가지고 있던 몸의 치유력을 복원하는 원리와 방법론을 담았다.

노파심에 덧붙인다면, 이 책이 자연치유에 관한 책이라고 병원과 의료진을 적대시하거나 실효성 없는 민간요법을 권장하고 있다고 생각하면 지나친 오해다. 가령 말기 암 선고를 받고 홀로 깊은 산에 들어가 기공체조를 하고 버섯과 약초를 먹어 암 덩어리를 모두 없앴다거나, 남해의 한 포구에서 해산물을 채취하며 수시로 멍게를 먹어서 암을 이겨 냈다는 등의 이야기 말이다.

무언가를 더 먹어서 건강해지는 사람은 없다. 우리가 주목해야 할 것은 우선 무엇을 덜 먹어야 하는가이고, 다음으로 균형(항상성)을 위해 무엇을 할 것인가다. 몸을 살리는 방법은 약에 있다기보다 생활 습관, 즉 라이프 스타일을 변화시키는 데에 있다. 이 책엔 오히려 의사들이 주지 않았던, 응당 제공했어야 하는 몸에 관한 이야기를 담았다. 즉, 건강 회복에 있어 오히려 핵심이라고 할 수 있는 관점과 생활습관 교정을 통한 자연치유의 방법론과 원리를 담았다.

이 책이 당신의 인생에 중대한 변화를 일으켰으면 좋겠다.

2023년 가을
공저자를 대표해서 조성주 드림

차례

서장: 다시 몸으로 • 4

1장   **Post Pandemic**

빌게이츠의 예언 • 18

다음 팬데믹이 오면 • 22

2장   **한국인은 아프다**

팬데믹 불평등과 각자도생 • 30

사회적 고립과 코로나 블루 • 34

2023, 우울하거나 폭주하거나 • 38

폭염 속의 폭주사회 • 42

아프게 오래도록 • 46

3장   **환원주의 의학의 한계**

3분 진료와 대증요법 • 50

병원체라는 말을 버려라 • 57

자연치유(naturopathy)의 태동 • 67

4장   **주입된 의학의 배신**

칼로리 가설의 붕괴 • 74

탄수화물 67%가 균형 잡힌 식단일까 • 79

당신의 다이어트가 실패하는 이유 • 91

단맛의 저주 • 97

단맛을 은폐하는 그 맛 • 108

콜레스테롤 사기극 • 114

포화지방의 귀환 • 121

끝나지 않은 논쟁, LDL-C • 129

스타틴 폭식의 시대 • 140

진짜 적은 염증이다 • 146

5장　　　**몸이 기본이다**

최고의 명의는 당신 몸 안에 있다 • 156

스스로 체크하는 면역 진단 • 160

당신이 잠든 사이 벌어지는 일들 • 164

6장　　　**먹은 것이 내가 된다**

면역을 높이는 영양 치유 • 174

면역에 좋은 12가지 음식 • 177

운동과 수분 섭취가 면역에 미치는 영향 • 183

굶주린 토양과 비타민 섭취 • 188

7장　　　**토닥토닥 마음 치유**

스트레스가 자꾸 스트레스인 현대인 • 200

명상(MEDITATION) • 207

명상의 분류와 효능 • 212

몸과 마음의 진정한 요구 들여다보기 • 222

음악 치유 • 231

동물 매개 심리치료의 효능 • 240

발달단계별 동물 매개 심리치료의 적용 • 245

아로마테라피(aromatherapy) • 250

향기가 몸에 미치는 영향 • 255

8장   **보론: 대체의학을 넘어 자연치유 통합의학으로**

대체의학의 등장 • 260

신명과 심신의학 • 269

자연치유 통합의학을 향해 • 275

마치며: 우리가 잃은 것들과 8가지 제안 • 280

참고 문헌 • 290

1장

Post Pandemic

빌게이츠의 예언

코로나 팬데믹이 정점을 찍었던 2020년 봄, 영상 하나가 네티즌들 사이에서 화제였다. 〈The next outbreak? We're not ready〉라는 영상이었다. 2014년 빌 게이츠가 TED[1]에서 했던 "다음 아웃브레이크[2]? 우린 준비되어 있지 않다."라는 제목의 강연이었다. 몇십 년 내 1천만 명 이상을 사망에 이르게 만드는 것이 있다면, 그것은 전쟁이 아니라 바로 전염병일 것이라는 내용이었다.

빌 게이츠는 아프리카 지역의 전염병 퇴치에 집중하면서 '아웃브레이크' 문제에 대해 고민해 왔다. 빌 게이츠가 예지력이 뛰어난 선각자라서가 아니다. 실제로 세계보건기구는 2009년 신종 플루에 대한 보고서를 발행했다. "세계는 심각한 인플루엔자 팬데믹이나 그에 상응하

---

1   Technology Entertainment Design. 기술, 오락, 디자인 등의 지식과 경험을 대중에게 나누는 공유 플랫폼 비영리 재단. 주로 18분이라는 연설 제한이 있다.

2   아웃브레이크(Outbreak)는 특정 지역에서 작은 규모로 질병이 급증할 때, 에피데믹(Epidemic)은 한 국가나 그 이상의 인접국에 넓게 확산할 때, 팬데믹(Pandemic)은 하나 이상의 대륙 또는 전 세계로 확산된 경우, 엔데믹(Endemic)은 전염병이 이동 없이 특정 지역에 계속 머무르는 현상을 칭한다.

는 세계적·지속적·위협적 공중보건 비상사태에 전혀 대비되어 있지 않다."라는 예언에 가까운 내용이었고, 이를 위한 대비 계획까지 촘촘히 기술되어 있는 보고서였다. 하지만 이 보고서를 실행한 나라는 없었다. 다만 한국, 대만, 싱가포르와 같이 사스·메르스 바이러스로 피해 보았던 국가들만이 바이러스에 대한 강력한 초기 대응 매뉴얼을 실행했을 뿐이다.

빌 게이츠는 팬데믹이 다소 수그러든 2022년 5월, 『넥스트 팬데믹을 대비하는 법』이라는 저서를 통해 지난 3년간의 과정을 분석하고 다음에 올 감염병에 대한 준비를 제안했다. 그가 책에서 밝힌 흥미로운 사실이 있다. 미국의 경우 2019년에 팬데믹에 대비해 '크림슨컨테이전(Crimson contagion)'이라는 모의 방역 훈련을 진행한 바 있었다는 것이다.

미국 보건복지부가 주관하는 훈련이었는데, 가상의 외국 여행자들이 중국을 경유하고 각자 본국으로 회귀하면서 팬데믹이 시작되는 시나리오였다. 시카고를 통해 확산하기 시작한 바이러스로 47일 차에 미국 내 확진자 1억 1천 명, 입원 환자 700만 명, 사망자 58만 6천 명이 나왔다. 훈련 과정 중 너무나 많은 문제가 드러났고 어떤 문제는 구조적 문제였다. 훈련에 참여한 정부 조직의 장들은 자신의 권한과 행정명령의 종류를 알지 못했고, 검사 장비에 대한 지식조차 없어서 회의를 해도 용어를 이해하지 못하는 수준이었다.

백신을 생산하고 공급하기 위한 자금도 마련된 것이 없었고, 산소 호흡기와 음압 병상은 턱없이 부족해서 모든 것이 재난 수준이었다. 이를 혁신하기에 필요한 예산과 인력, 기간 모두 예상을 뛰어넘는 것이라 연방정부는 그냥 덮어 버리고 말았다고 한다. 그리고 그들은 모의훈련의 조건이 극단적이었기에 앞으로도 이런 상황이 일어날 가능성은 희박하다고 단정했다. 하지만 실제로 닥친 코로나는 모의훈련보다 더 가혹한 수준의 것이었다.[3]

이런 훈련을 미국만 준비한 것은 아니었다. 「가디언」은 팬데믹 첫해에 영국 정부가 이미 인플루엔자 아웃브레이크에 대비한 모의 훈련을 해왔다는 사실을 폭로했다. 2007년에 '윈터 윌로(Wimter willow)', 2016년에 '시스너스(Cygnus)'라는 이름으로 훈련이 실시되었는데, 훈련 결과 정부의 준비 상태가 엉망이었다는 보고서가 정부에 제출되었다. 영국 정부는 이를 기밀로 분류하고 외부 누출을 금지시켰다.

그리고 모두가 알다시피 팬데믹 초기 영국의 대응은 2016년 시스너스 훈련에서의 대응보다 무기력했다. 2020년 3월 2일, 영국 정부 소속 과학자들은 현재의 추세라면 영국인의 80%가 감염되고 100명 중 1명, 즉 50만 명 넘는 사람들이 사망할 수 있다는 보고서를 내놓았다. 하지만 보리스 총리는 이렇게 말했다.

"나는 만나는 모든 이와 악수를 할 것이며, 우리나라는 여전히 매우 잘 준비되어 있다. 훌륭한 NHS(영국의 국가 보건의료 시스템)가 있고, 훌륭한 검사 체계가 있고, 질병의 확산을 추적

---

3   빌 게이츠. 이영래 역. 『빌 게이츠 넥스트 팬데믹을 대비하는 법』. 비지니스북스. 2022.

할 수 있는 훌륭한 감시 체계가 있다."

영국은 팬데믹에서 비껴갈 것이라는 환상을 국민에게 유포한 것이다. 총리실은 당시 프리미어리그 사무국이 경기를 연기하고 무관중 게임을 도입한 것에 대해서도 불쾌한 표정을 감추지 않았다. 보건당국 역시 3월에도 코로나19 위험 정도를 '보통 수준'으로 유지했다. 그 결과 영국은 확진자 발생 2달 만에 최소 3만 6천~5만 명 이상의 사망자를 기록했다. 팬데믹 초기 영국의 사망자 통계에 혼란이 있는 이유는 코로나 검사조차 받지 못한 폐렴 사망자가 너무나 많았기 때문이다.

다음 팬데믹이 오면

인류의 과학기술은 우주선의 발사체를 회수하고 화성 탐사를 실행하는 수준으로 발전하고 있지만, 유독 인류에게 현실적 위협이 될 수 있는 팬데믹에 대해서는 거의 무방비 상태다. 빌 게이츠는 그 이유로 큰 힘을 가진 주요 국가들 대부분이 국가적 역량을 핵무기를 비롯한 군비 확장 또는 대응에 투입해 왔다는 점을 꼽았다.

핵 또는 생화학 공격에 대한 매뉴얼은 잘 갖춰져 있지만, 바이러스에 대해선 그 어떠한 투자도 하지 않았다는 것이다. 실제로 2019년 미국은 국방 예산에 7천억 달러를 사용했지만, 감염 등의 공중 보건에는 70억 달러만을 지출하고 있었다. 사스(SARS) 백신 연구에 서구에서 지출한 돈은 200만 달러 정도였는데, 그나마 정부와 단체의 연구 지원이 끊기면서 결실을 보지 못했다.[1]

빌 게이츠는 자신이 소아마비 퇴치를 위해 뛰어들었을 때 국제기구와 국경없는의사회 등의 자원봉사 그룹의 헌신적인 노력에도 불구하고 질병 예방에 대한 시스템 자체가 없었다는 점에 충격을 받았다고 한다.

---

[1]   말콤 글래드웰 외. 이승연 역. 『코로나 이후의 세상』. Modern Archive. 2021.

실제로 간단한 설사 치료제를 구하지 못해 매년 사망하는 인구가 310만 명인데, 사망자 대부분은 어린아이다. 로타바이러스 등에 의해 사망한 5세 이하 아동은 매년 1천만 명에 달한다.

그는 코로나와 같은 호흡기 질환은 인류가 조금만 힘을 모으면 초기 아웃브레이크(Outbreak) 단계에서 막을 수 있다고 주장했다. 그의 첫 번째 제안은 "7일 안에 새로운 전염병을 감지하라."는 것이다. 이를 위한 효과적인 방법은 상비군이 전쟁에 대비하듯 UN 산하에 상시적 특수 대응팀을 조직해서 아웃브레이크 발생 초기에 개입하자는 것이다. 내용은 다음과 같다.

WHO 산하에 팬데믹을 감지 · 선언할 수 있는 '글로벌 전염병 대응 동원팀(GERM: Global Epidemic Response and Mobilization)'을 신설하자는 것으로, 연 10억 달러 정도를 투입해 감염학자, 바이오 백신 전문가, 컴퓨터 모델링, 외교와 신속 대응 업무를 할 수 있는 정규직원 3천 명 정도가 활동해야 하며, 이들에게 세계은행 및 각국 정부의 자금을 긴급 요청할 수 있는 권한 역시 부여하자는 것이다. 이 경우 빈국과 개발도상국도 비교적 가벼운 재원으로 정보와 백신의 혜택을 얻을 것이다.

10억 달러는 우리 돈 1조 3천억 원이다. 3년 동안 인류가 잃은 생명과 경제적 손실에 비하면 보잘것없는 재원이다. 2020년 세계보건기구(WHO)는 "팬데믹으로 전 세계 경제가 매월 3,750억 달러(약 444조 원)의 피해가 발생 중"이라며 "2년간 누적 손실은 12조 달러(1경 4,217조 원)가 될 것으로 추산된다."고 밝혔다. IMF는 "팬데믹 첫해에만

G20 국가들이 경기 부양을 위해 투자한 돈이 1경 2,100조 원이지만, 그 효과는 미미할 것"이라고 밝힌 바 있다.

다음으로는 "6개월 안에 백신을 개발하라"는 것이다. 백신 개발에는 최소 6년 이상의 기간이 소요되고, 개발에 착수한다고 하더라도 성공 보장이 없다. HIV(AIDS 원인 바이러스) 백신은 1987년 개발에 착수했지만, 아직도 허가받은 백신이 없다. 코로나 백신은 팬데믹 2년 차, 그러니까 각국 정부의 직접적인 투자가 이루어진 지 불과 1년 6개월 만에 세상에 나왔다. 이는 1980년대부터 정부와 기관의 지원 없이 연구를 지속해 왔던 카리코 카탈린(Karikó Katalin)과 같은 의료 그룹의 헌신이 있었기에 가능한 것이었다. 헝가리 태생인 카리코 박사는 35년간 백신을 연구했는데, 동료 드루 와이즈먼(Drew Weissman)과 함께 mRNA 백신의 활용법을 최초로 개발했다.

2020년 12월 CNN은 그녀와 인터뷰하면서 그녀의 업적을 이렇게 평가했다.

"좌천되고 의심받고 거절당한 카리코 박사의 mRNA 연구, 코로나19 백신의 기초가 되다."

그녀의 업적이 특별한 이유는 mRNA가 백신에 활용될 수 있다는 그녀의 연구에 부담을 느낀 펜실베이니아대학이 지원을 중단한 이후에도 연구를 지속했다는 점이다. 펜실베이니아대학은 그녀의 연구 목표가 너무나 급진적이고 재정적으로 부담이 된다는 이유로 1995년 보조금 지급을 중단했고, 2013년엔 그녀의 종신 교수직을 박탈했다. 그녀와 와이즈먼이 연구를 위해 찾은 기업은 당시에는 매우 작은 독일의 기업 바이오앤테크(BioNTech)였다. 그들은 자신들의 연구에 대한 사용권(특허권)을 넘기고 회사에서 연구를 지속했다. 이후 바이오앤테크는 화이자(pfizer)와 함께 공동으로 코로나 백신 개발과 생산에 성공했다.

그녀의 경쟁사라고 할 수 있는 모더나(moderna) 설립자인 데릭 로시는 이렇게 밝혔다.

"노벨상 후보를 줄 세운다면 이 두 사람을 맨 첫 줄에 세워야 합니다. 이러한 근본적인 발견은 세계를 구한 약이 될 겁니다. 우리는 이 인간의 고통이 끝나고, 이 모든 끔찍한 시간이 끝날 때, 그리고 바라건대 우리가 바이러스와 백신을 잊어버릴 여름에 축하할 것입니다. 그런 후에 정말로 축하할 거예요."

카리코는 바이오앤테크와 모더나에서 출시한 백신 임상 1호 접종자가 되었다. 예상했던 대로 2023년 노벨 생리의학상은 카리코와 와이즈먼에게 돌아갔다. 노벨상선정위원회는 수상 이유를 다음과 같이 밝혔다.

"그들의 획기적인 발견을 통해 우리는 메신저리보핵산(mRNA)이 어떻게 우리 면역 체계와 상호 작용하는지에 대한 이해를 근본적으로 바꿀 수 있었습니다. 수상자들은 현대 인간 건강에 가장 큰 위협의 시기에 전례 없는 속도로 백신 개발에 기여했습니다."

2023년 노벨 생리의학상을 수상한 카리코와 와이즈먼

선정위원회가 밝힌 것처럼 코로나 백신의 개발은 전례가 없던 일이다. 팬데믹 1년 6개월 만에 백신이 보급되었는데, 물론 이는 연구자들의 헌신적인 노력이 있었기에 가능한 일이었다. 그런데 다른 요인으로는 미 FDA가 인간을 대상으로 한 임상 2상과 3상의 허들을 극단적으로 낮춰 주며 긴급 사용허가를 내주고, 세계보건기구가 긴급 사용승인을 해 주었기에 가능했다. mRNA 기반의 백신이 성공하리라는 보장도 없었다. 이렇게 보면 코로나 백신은 기적이었다고도 볼 수 있다. 많은 과학자는 코로나가 5년 일찍 찾아오지 않은 것은 신의 은총이었다고 말한다.

빌 게이츠는 끝으로 질병 모의훈련을 도시와 국가, 대륙, 세계적 규모에서 정기적으로 진행해야 한다고 제안했다. 이 훈련의 기획과 관리 역시 GERM에서 실시하고, 세계에서 2만 명 이상의 인력이 동시에 참가하는 대규모 훈련은 적어도 10년에 한 번은 실행되어야 한다고 주장했다. 하지만 인류는 팬데믹이 수그러들자 디커플링과 전쟁으로 진영을 나누었고, UN의 지도력은 유명무실해졌다. 감염병 공동 대응을 위한 국제적 협력은 더욱 어려워졌다.

바이러스에 안전한 인간은 없다

인류는 다음 팬데믹에 준비되어 있을까? 선진적인 의료 시스템과 보건복지에 사용할 예산을 확보한 주요 선진국들은 2020년 팬데믹 때와는 다른 대응을 보일 것이다. 코로나 백신 개발에 성공했던 제약사들은 지금도 호흡기 감염 바이러스를 퇴치하기 위한 mRNA 기반 백신 연구에

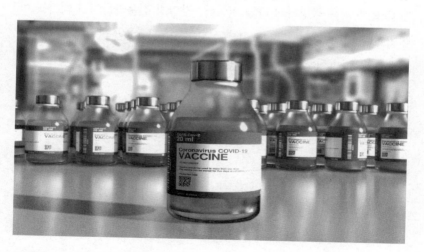

백신이 모든 바이러스를 막을 순 없다

투자하고 있다. 하지만 갈 길이 멀다.

코로나 백신은 여러 차례 접종해야 하고, 천연두와 같이 한 번 접종했다고 완전한 면역이 생기는 것이 아니다. 생산과 공급에도 심각한 문제가 있다. 팬데믹 시기에 제약 선진국들은 앞다투어 바이오 설비에 투자해서 시설을 증설했다. 하지만 백신 생산회사는 팬데믹까지는 아니더라도 아웃브레이크가 발생하지 않는 이상 생산 설비를 줄이거나 긴축해야 한다. 또 백신의 보관과 운송의 문제점도 해결되지 않았다. mRNA 백신의 특성상 특정 온도에서 냉동 보관·운송해야 한다.

백신 특허를 풀지 않는 이상 중·저소득 국가에서 자체적으로 백신을 생산하기란 매우 어려울 것이다. 다양한 불평등 중 보건 의료만큼 심각한 영역은 없다. 이는 국가와 개인 모두에게 해당하는 문제다. 다음 장에서 자세히 다루겠지만, 다음 팬데믹에서 살아남는 그룹과 그렇지 못한 그룹은 더욱 극명하게 나뉠 것이다. 감염병 전문가들이 고백하듯 바이러스나 팬데믹으로부터 안전한 인류란 없다. 앞으로 팬데믹이 오는 주기는 짧아질 것이고 우린 적절하게 준비되어 있어야 한다.

2장

한국인은 아프다

팬데믹 불평등과 각자도생

2021년 1월 에브레예수스 WHO 사무총장은 암울한 보고로 이사회를 시작했다.

> "2,900만 도즈(doz)[1]가 넘는 백신이 49개 고소득 국가에 접종 되었습니다. 그러나 저임금 국가에 주어진 백신은 25 도즈였습 니다. 2,500만이 아닌, 2만 5,000이 아닌 25 도즈란 말입니다."

실제로 그해 3월 7일 기준 이스라엘이 37.57%, 미국인의 18%가 백 신 접종을 마쳤지만 남아프리카공화국의 경우 0.44%에 그쳤다(한국의 경우 늦은 계약으로 인해 당해 3월 25일 현재 1.55%에 그치고 있었다). 그해 12월 21일까지 접종률이 가장 높은 나라는 UAE(아랍에미리트)로 전 국민 백신 접종률이 99%에 달했다. 부스터 샷까지 접종한 비율 또한 90.3%에 육박했다. OWID[2]에 따르면 그해 12월 고소득 국가들이 76%

---

1   1회 접종 분량. 1도즈(dose)당 모더나는 100μg, 화이자는 30μg, 큐어백은 12μg의 mRNA가 사용되었다.

2   OWID(Our World in Data)는 잉글랜드와 웨일스에 등록된 자선단체인 Global

에 달하는 백신 접종률을 보인 반면, 저소득 국가는 불과 8%에 불과한 백신 접종률을 기록했다.

백신의 보급 이전에도 나라의 보건 시스템과 경제력에 따른 격차는 감염 치사율에 직접적인 영향을 미쳤다. 치사율이 가장 높은 나라(2023년 8월 30일 기준)는 페루 4.9%로 22만 1,645명이 사망했다. 환자 100명당 9명꼴로 사망했다. 20만 명이 넘는 사망자를 기록한 나라는 미국, 브라질, 인도, 멕시코, 러시아 정도다. 이어서 멕시코(4.4%), 에콰도르(3.45%), 남아프리카공화국(2.55%), 불가리아(2.9%), 인도네시아(2.4%), 콜롬비아(2.2%)가 그 뒤를 이었다. 한국과 싱가포르(0.1%), 호주와 뉴질랜드(0.2%), 스위스(0.3%)와 독일(0.5%)과는 확실히 비교되는 수치다.

미국 뉴욕시 보건부는 2020년 5월, 60여 지역의 코로나 사망률을 공개했다. 백인 상류층 거주지의 사망자 수에 비해 흑인·라틴·히스패닉이 섞인 빈곤층 거주지의 사망자 수는 많게는 14배가 많았다. 맨해튼에서 소득이 높은 백인들의 거주지로 꼽히는 그래머시 파크의 코로나19 치사율은 10만 명당 31명인 데 반해, 시 외곽 유색인종 거주지인 파 로커웨이의 치사율은 10만 명당 444명이었다. 미국 의사협회 역시 백인에 비해 흑인·히스패닉 등의 소수 인종의 발병률이 많게는 4.5배가량 높다고 지적했다. 좁은 집에서 여럿이 모여 자며 생활해야 했던 계층과

Change Data Lab의 프로젝트로 옥스퍼드대학교에 기반을 두고 있으며 사회학자이자 경제학자인 맥스 로저(Max Roser)가 설립하였다. 빈곤, 질병, 기아, 환경 문제, 전쟁, 사회적 불평등 등의 대규모 국제 문제를 다루는 과학 온라인 간행물이다.

식탁과 화장실을 분리해 사용할 수 있었던 상류층의 차이는 팬데믹 시기에는 경제적·인종적 불평등으로 나타났다.

끝나지 않은 삶의 팬데믹

한국에서 팬데믹 불평등은 주로 임금노동자와 자영업자, 그리고 은퇴연령들에게서 크게 나타났다. 팬데믹 이후 8개월 만인 2020년 8월 기준만으로도 임금노동자는 11만 3천 명 감소했는데, 이는 통계 작성 이후 최초의 기록이다. 이 기간 회사의 요청으로 비자발적으로 퇴직해야 했던 실업인구 중 70%는 실업급여를 받지 못하고 있다고 밝혔다. 이들은 주로 비정규직이거나 5인 이하 사업장, 시간제 아르바이트 근로자였는데, 회사의 요청으로 해고를 '자발적 퇴사'로 처리하거나 사업주가 고용보험에 미가입한 경우다.

청년실업률(15세~29세)은 역설적으로 팬데믹 시기 크게 줄어들었다. 배달 시장이 폭발하자 청년들이 대거 라이더로 이동했고, 팬데믹이 끝나자 숙박업과 음식점으로 이동했다. 1년 이상의 청년 계약직 근로자는 감소하고, 1개월 미만 또는 청년 일용직이 크게 늘었다. 구직을 아예 포기한 취업준비생도 역대 최고점이다. 이들은 주로 고학력 계층의 취업준비생(비경제활동 인구)이었다. 원하는 형태의 일자리를 구하지 못하고 집이나 고시원 등지에 은둔하고 있는 인구로 전공에 맞는 일자리를 구하다 포기한 계층이다.

100만 원 이하의 소액생계비 대출을 받은 계층 중 월 미납자가 가장 많은 계층 또한 청년층이다. 한 달 이자가 6천 원 정도이지만, 2030 대 출자의 23.33%가 이마저도 내지 못하고 있다. 이들 중 상당수는 카드 돌려 막기 등으로 생계를 유지하고 있으면서 마땅한 대책도 없다. 주택 담보대출 연체율이 가장 높은 계층 또한 청년 계층이다. 특히 이제 막 노동시장에 진입한 만 19세 사회초년생의 경우 전월세대출 연체율은 20.0%에 달한다. 5명 중 1명꼴이다(금융감독원. 2023년 2/4분기). 이 계층에 대해 비대면 대출을 실행했던 카카오뱅크의 경우 무려 27.0%의 연체율로 골치를 썩이고 있다.

가계부채는 팬데믹 이전에 비해 9.1% 늘어 1인당 가계부채가 1억 원을 넘어섰다. 이는 부채인구소득의 2배에 해당한다. 가계부채가 증가한 주요 계층은 주로 청년층과 고령층이었다. 자영업자 대출 잔액은 2023년 1분기에 1,033조 원을 돌파했다. 전년에 비해 50%나 증가한 수치다. 이는 자영업자 1인당 3억 3천만 원가량의 채무로 비자영업자에 비해 3.7배나 많은 금액이다. 이 중 다중채무자 비중은 71%에 육박한다.

한국 정부가 팬데믹 기간 경기 부양을 위해 돈을 많이 풀었다지만, 주요 선진국에 비해서는 3.4% 수준의 추가 재정만을 투입했을 뿐이다. 정부 예산에서 추가 재정 규모는 미국 16.7%, 호주 16.1%, 영국 16.3%, 일본 15.5% 규모인 데 반해 한국은 3.4%만을 편성했다. 자영업자들이 불황, 영업 제한 등으로 인한 손실액 중 실질적인 손실보상액은 10분의 1 수준에도 못 미치는 것으로 나타났다. 60대 이상 인구의 실업급여 수급 또한 역대 최대치를 갱신했고, 이 중 3회 이상의 수급자 수 역시 최고점을 찍었다. 이들에게 팬데믹은 진행 중이다.

사회적 고립과 코로나 블루

2020년 화이트칼라 직장인들에게 찾아온 가장 극적인 변화는 비대면 화상회의였으리라. 재택근무를 하며 줌(Zoom) 또는 팀스(Teams)로 회의했고, 전국 단위 회의 역시 이렇게 이루어졌다. 이 기간 글로벌 화상회의 솔루션 업체인 줌, 아마존과 알리바바와 같은 전자 상거래 업체, 게임 업체, 넷플릭스나 디즈니 플러스와 같은 OTT 서비스 업체, 원격 대면 바이오 헬스 업체 등의 보유 자산은 수직 상승했다.

비대면 문화는 모든 것을 바꿔 놓았다. 심지어 오랫동안 격조했던 친구들과의 와인 파티를 줌 애플리케이션을 실행시켜 하는 문화도 정착되었다. 고소득 화이트칼라 계층들은 감염병 확산이 수그러들자 바로 일상으로 복귀할 수 있었다. 하지만 유아와 청소년, 청년과 자영업자들에게 남겨진 팬데믹의 후유증은 컸다.

대한소아청소년과학회는 2022년 5월에서 12월까지의 서울시 5세 이하 아동의 발달 과정을 조사했다. 그 결과 아동 중 35% 정도가 발달지연을 겪고 있는 것으로 드러났다. 3명 중 1명은 종래 평균치의 발달을 따라가지 못하고 있는 것이다. 아이들은 팬데믹 시기 마스크를 쓰고 등

원했고, 사람들이 입술을 움직여서 말하는 것을 배우지 못했다. 말을 배울 때 입술을 보지 않고 음성으로만 학습한 아이들은 언어 및 인지 학습에 큰 어려움을 겪는다. 10명 중 2명은 지속적인 관찰을 해야 할 만큼 심각한 수준이었다.

팬데믹 동안 원격 수업으로 대체되어 학교에 가지 못했던 청소년들의 학력 격차는 기존에 비해 더욱 벌어졌다. 서울시교육청(교육정책연구원)에 따르면, 이 기간 중2 학생들의 국·영·수 성적 비중은 중위권 학생들이 팬데믹 이전에 비해 14.9% 감소한 반면, 상위권은 12.4% 늘어났다. 하위권 역시 2.5% 늘었다.

팬데믹 시기에 공교육의 기능은 제약되었고 사교육 시장은 폭발적으로 늘어났다. 학원과 과외 등을 통해 사교육을 받거나 부모의 케어를 받을 수 있던 아이들이 상위권으로 진출한 반면, 그렇지 못한 학생들은 하위권으로 떨어졌다. 교육 양극화도 심화된 것이다. 원격 교육으로 학업을 따라가지 못한 아이들을 위해 많은 부모들이 학원비 등의 추가 지출을 해야 했는데, 그 결과 이 기간 사교육비 총액은 26조 원까지 상승해서 건국 이래 최고점을 갱신했다. 2021년 사교육비 총액은 각각 23.4조 원, 2020년의 경우 19.4조 원이었다.

파이낸셜타임스(FT)는 이 시기에 대부분의 대학 시절을 보낸 졸업자를 채용한 기업들이 곤혹스러워하고 있다는 기사를 발행했다. 2023년 5월 기사에 따르면 많은 영국 기업들이 팬데믹 졸업생들이 의견 개진과 발표, 팀 내 소통과 같은 초보적인 업무에서 어려움을 겪고 있어 기업에서 재교육 프로그램을 실행하고 있다는 것이다. 팬데믹 기간에 대학에 들어간 이들은 대인관계의 어려움을 토로한다.

고등학교까지는 입시 위주의 교육이 우선이었다면, 대학은 선후배·교수 등 다양한 사람을 만나는 첫 사회다. 본격적인 사회생활을 위한 예행연습인 셈이다. 대학에서의 관계 형성은 중요하다. 이들은 신입생 오리엔테이션이나 MT, 동아리 모임은커녕 수업과 만남을 통해 교우 관계를 맺지 못했다. 대면 소통을 중심으로 사회생활을 익히지 못한 그들은 단톡방의 문장과 SNS에서의 이미지 같은 것으로 사람을 평가하거나 자신이 평가받는다고 느낀다.

'코로나 학번'의 관계 형성의 특징은 익명성이다. 동기들을 SNS상에서 먼저 만난 경우가 많기 때문에 실제 자신이 아닌 '위장된 나'를 보여 줄 수 있다. 그렇다 보니 애플리케이션을 통해 잘 모르는 사람을 만날 때는 그 사람에 대해 경계심을 가지기 마련이다. 전문가들은 이들 중 일부는 타인의 의도에 대해 일종의 '인지 오류'를 겪고 있다고 진단한다. 상대방의 태도를 SNS에서의 느낌만으로 지레짐작하거나 오해하는 경우가 많다는 것이다.

친구를 자주 만나지 못하는 환경이 지속되고 이것이 일종의 또래 문화로 굳어지자 사람들과의 관계가 귀찮아지고, 자발적으로 교유 관계를 단절하는 사례도 많아졌다. 이런 생활 방식에는 인간관계의 불필요한 감정과 시간을 낭비하지 않아도 된다는 장점도 있지만 단점도 있다.

화상 애플리케이션을 통해 대학 동기들과 관계를 맺다 보니 친숙한 관계로 발전하기가 어렵다. 얼굴이나 이름을 익히기도 쉽지 않고, 현실에서 만나면 쉽게 대화가 단절된다. 이들은 오히려 사람들을 만날 때 피로감을 호소한다. 이런 생활이 반복되면 분명 감정이 소진되는 일은 막을 수 있다. 문제는 대학 시절에 익혀야 할 사회성을 익히지 못하게 된다는 점이다. 다양한 사람들의 생활 방식과 태도, 다른 사고방식을 접하면서 소통하지 못하고 자신만의 세계에 갇혀 스스로 고립되는 것이다.

2023, 우울하거나 폭주하거나

우리나라 국민의 우울위험군 비율은 2018년 대비 2021년 최대 6배 증가했으며, 자살 생각 비율도 2018년 대비 최대 3.5배 증가했다. 이에 정신 건강 문제는 이전보다 더 심각한 수준으로 확대되었다.

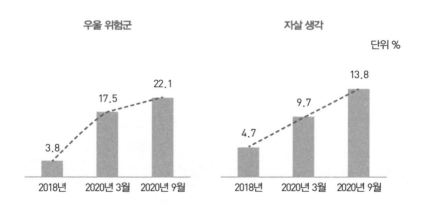

코로나19 유행 전후 정신 건강 위험군 변화
(출처: 2018 지역사회 건강조사, 2020 국민정신건강실태조사)

이 기간 음주량이 늘었고, 불안과 타인에 대한 혐오 감정 또한 늘어난 것으로 조사되었다. 불안감은 2020년 3월 대구에서의 집단발병이 있었을 시기에 가장 극심했던 것으로 드러났다. 이 시기 우울감과 고립감, 두려움과 같은 감정을 가장 크게 느낀 지역민은 대구 지역민이었다. 이 시기 대구 지역 응답자의 31.9%는 불안위험군으로 분류될 만큼 일상에서 공포를 느끼고 있었는데, 감염병 확산이 진정 또는 일상화된 9월이 돼서야 전국 평균 수치인 18%로 떨어졌다.

「2020 국민건강실태조사 9월 보고서」[1]에 따르면 "지난 2주간 차라리 죽는 것이 낫다고 생각하거나 자해를 실행하려 생각한 적이 있다."고 응답한 (자살)고위험군은 전체 응답자의 13.81%로 팬데믹 초기인 3월 9.6%에 비해 늘었고, 우울 위험군은 3월 3.79%에서 22.10%로 수직상승했다. 흥미로운 점은 청년 계층(19~29세)에서 우울 척도가 가장 높았고, 고령층일수록 낮았다는 것이다.

고연령층보다 청년층의 생활 방식 변화에 따른 충격이 더 컸던 것으로 유추할 수도 있지만, 일할 직장이 없는 경우와 같이 경제적 안정감과 귀속 집단이 없어서 생긴 결과로도 추정할 수 있다. 이런 추정은 거리 두기가 해제된 동 기관의 2022년 조사에서 그 단서를 엿볼 수 있다. 거리 두기 해제에 따라 국민의 전반적인 우울지표는 내려갔지만, 자살위험군은 오히려 더 많아졌다.

자살생각률은 2022년 6월 12.7%로 3월(11.5%)에 비해 증가하였으

---

1   보건복지부 한국트라우마스트레스학회 의뢰로 실시한 한국리서치 조사. 9월 10일부터 21일까지 조사. 표본수 2,063명. 조사 방법 온라인 설문조사. 표본오차 ±2.2%(95% 신뢰구간)

며, 코로나19 발생 이전인 2019년(4.6%)과 비교해도 3배 가까이 높은 수준이다. 소득이 감소한 경우의 자살생각률이 16.1%로 소득이 증가하거나 변화가 없는 집단(9.2%)에 비해 약 7%가량 많았고, 1인 가구가 18.2%로 2인 이상 가구(11.6%)에 비해 1.5배나 많다. 배우자가 없는 이들 역시 기혼 응답자보다 자살에 대해 2배 더 자주 심각하게 생각한다고 답했다.

거리 두기 해제 이후 더욱 멀어져 간 사람들

왜 거리 두기가 해제된 이후에 자살위험군이 더 증가했을까? 전문가들은 상대적 고립감을 그 이유로 보고 있다. 팬데믹이 기승을 부릴 때에는 모두가 '격리'되어 있었고, 이때의 고립은 비교적 공평했다고 볼 수 있다. 하지만 거리 두기 해제 이후 여전히 방 안에 고립된 계층과 적극적으로 인간관계를 주도하는 계층 간의 격차가 극명하게 드러났다. 모두 경험했겠지만, 감염병이 기승을 부릴 때 격조했던 관계는 거리 두기가 끝났다고 자연적으로 복구되는 게 아니다.

만나지 않는 것이 편하고, 홀로 술 한잔하면서 넷플릭스 등을 보며 여가를 보내는 것이 행복하다는 사람이 자연히 늘었다. 우울감을 극심히 느끼는 이들 중 상당수는 비자발적 은둔자다. 다른 사람들의 행복감은 우울증에서 나오지 못하고 있는 이들에겐 상대적 박탈감으로 다가온다. 우울증으로 인한 자살률이 가장 높은 계절은 아이러니하게도 모두가 움츠러들었던 겨울이 아니라 찬란하게 꽃을 피우는 5월이다. 이것은 세계 각국의 통계에서 공통적이다.

자살률 또한 한국은 비정상적으로 높다. OECD 회원국 중 가장 높은데, 2018년에서 2020년 사이 주요 17개국의 평균 자살률이 4.6명(10만 명당)인 데 비해 한국은 16명이다.[2] 특히 2020년 1월~8월 자살을 시도한 20대 여성은 전체 자살 시도자의 32.1%로 전 세대를 통틀어 가장 많았다. 2020년 3월에만 여성 노동자 12만 명이 직장을 잃었고, 1996년생 여성의 자살률이 1956년생 여성에 비교해 7배 높아졌다. 한국의 20대 여성 노동자들이 느끼는 우울감을 '코호트 효과(특정한 행동양식을 공유하는 인구집단)'라고 분석하는 학자도 있다.

2   The Economist. 2021.5.

폭염 속의 폭주사회

 섭씨 35도를 넘나드는 폭염 속의 2023년 여름, 한국은 이상동기 살인(소위 '묻지 마 흉기 난동')으로 얼룩졌다. 7월 서울 신림동에선 남성 4명이 흉기에 찔려 1명이 살해되는 사건이 발생했고, 8월에는 성남시 서현역에서 범인의 차량 추돌과 흉기 난동으로 2명이 사명, 14명이 부상당하는 사건이 발생했다. 대전에선 모교 교사를 흉기로 살해하려다 범인이 체포되었고, 울산과 대전 등지에선 중학생이 흉기를 들고 급우를 해하려다 체포되는 사건이 8월에만 3건이 있었다.

 신림동 사건으로 인해 기묘하게도 수면 아래에서 끓던 분노와 발작 버튼이 눌린 것 같았다. 매일 무작위 대상을 상대로 한 폭행사건이 이어졌다. 경기도 광명역에선 우산으로 한 여성과 시비가 붙은 한 남성이 이후 길에서 마주친 모르는 여성에게 달려들어 폭행했고, 아파트 현관 앞의 모르는 여성의 뒤에서 공격하거나 길 가던 모녀에게 흉기를 휘두르는 일과 같은 사건들이 연일 발생했다. 범행 동기는 단순했다.

---

1 '묻지 마 살인'과 같은 용어는 범죄의 토양이 될 수 있는 사회·정신적 요인을 배제하고 범행 동기 등의 전형을 분별하기 어렵게 만들어 그저 '정신이상자의 범행'으로 분류하지 말자는 취지에서 2023년 1월부터 경찰청은 '이상동기 범죄'로 분류하고 이후 프로파일링을 통해 세분화하기로 하였다.

'눈에 거슬린다', '기분 나쁜 눈으로 쳐다보았다', '아무 이유 없이 사는 것이 짜증이 나서'와 같은 말초적인 사유였다. 그야말로 이상동기 범죄였다.

서현역에서의 범인은 "누군가 자신을 스토킹하며 해치려 한다는 망상"에서 범행을 저질렀다고 밝혔고, 신림동에서의 범인은 "나는 이렇게 불행한데 행복하게 보이는 남자들에게 분노해서" 또는 "누군가의 미행으로 오랫동안 괴롭힘을 당해서" 범행했다고 밝혔다. 신림동 사건 이후 인터넷 등에 살해 예고 글을 올리거나 흉기를 들고 활보하는 사건이 8월에만 123건(장난 제외) 발생했는데, 그들 대다수는 30세 미만의 청년들이었고 공통으로 은둔형 외톨이 생활을 하고 있었던 것으로 드러났다.

조현병 등으로 인한 망상장애를 제외하면 나머지 범죄의 공통점은 '사회 일반에 대한 분노'였다. 이상동기 범죄자는 몇 가지 특징을 가지고 있었다. 다수가 경제적으로 매우 궁핍한 처지이며 실패의 원인을 사회 전체 또는 불특정 다수의 탓으로 생각해서 일반 대중을 보복의 대상으로 설정했다는 점이다. 타인의 행복과 자신의 불행을 비교하며 증오심을 키워 온 경우가 많았다. 이런 이상동기 범죄의 증가의 원인에는 실업률의 증가와 빈곤, 양극화와 사회적 고립과 같은 구조적 문제가 없지 않다. 불황과 소득 양극화가 심해질수록 이상동기 범죄가 발생할 확률이 높아진다는 전문가의 견해도 있다.

폭염으로 폭주하는 사람들

기후와 범죄의 상관관계에 대한 데이터도 많다. 2022년 국제학술지 「이코노믹 인콰이어리(economic inquiry)」가 소개한 논문[2]은 극도로 높은 온도가 폭력적인 사망률을 증가시키는 데 비해 극도로 낮은 온도는 영향을 미치지 않았다고 주장한다.

BBC는 영국 런던경찰청의 데이터를 바탕으로 온도가 10℃ 미만일 때보다 20℃ 이상일 때 폭력 범죄가 평균 14% 더 높았다고 보도한 바 있다. 2010년 4월~2018년 6월 사이의 데이터를 분석한 결과, 괴롭힘과 무기 소지 범죄 역시 각각 16% 더 높은 것으로 나타나기도 했다고. 그리고 이 같은 경향은 비단 런던뿐 아니라 미국의 클리블랜드·미니애폴리스·댈러스 등의 폭력 범죄 연구에서도 비슷한 양상을 보였다고 덧붙였다.

2022년 세계경제포럼(WEF)은 「폭염과 정신건강 보고서」를 통해 온도가 섭씨 1~2도만 올라도 폭력 범죄가 3~5% 증가하며, 2090년까지 세계 범죄율이 최대 5% 이상 증가할 것이라고 경고했다. 극한의 폭염은 외상후 스트레스장애를 앓는 사람에게 치명적이며, 조현병이나 강박장애, 충동장애와 같은 정신증을 앓고 있는 이들의 억제력을 붕괴시킨다는 것이다. 2023년 8월 여론조사업체 피엠아이의 조사에 따르면, 국

---

2 「EXTREME TEMPERATURE AND EXTREME VIOLENCE: EVIDENCE FROM RUSSIA(극단적인 온도와 극도의 폭력: 러시아의 증거)」. 1989년부터 2015년 사이 러시아 연방 79개 지역의 온도와 폭력에 관한 데이터 등을 이용한 이 연구에서 온도와 폭력의 관계가 J자형을 보였다는 것이 연구팀의 주장이다.

내 응답자 37.2%가 최근 발생하는 살인 폭력 사건이 폭염과 연관이 있다고 응답한 것으로 집계되었다. 전혀 연관성이 없다는 응답은 6.2%에 불과했다.

8월 한국은 폭염 속에서 폭주했다. 이 현상을 그저 이례적이라고 보기만은 어렵다. 우리 사회의 분노지수는 유독 높다. 현실에 대한 불안감은 곧잘 타인에 대한 공격성으로 이어지며, 사회적 고립으로 인한 은둔자, 제때 적절한 치료를 받지 못한 정신증 환자는 늘어만 가고 있다. 한국인의 정신 건강 지표는 꾸준히 악화되어 왔다. 한국인의 심리를 연구한 해외 사회심리 연구자들은 입을 모아 말한다.

"한국인들은 모두 화가 난 상태이며 일부 사람들은 조건만 악화되면 언제든지 폭발할 수 있는 임계지점에서 끓고 있다."

아프게 오래도록

한국인의 의료접근성은 OECD 국가 중에서도 최상위에 속한다. 국민 1인당 외래진료 횟수(연간 16.6회)가 가장 많고, 평균 재원일수(18.5일)가 가장 긴 편에 속한다. 병원의 병상은 인구 천 명당 12.3개로 OECD 평균(4.7개)의 약 2.6배에 이르고, 자기공명영상장치(MRI)와 컴퓨터단층촬영(CT) 보유 대수도 OECD 평균보다 많아 물적 자원의 보유 수준은 최상위다.[1]

한국인은 자주 수월하게 병원에 가며, 언제든지 의사가 처방한 약물을 복용한다. 기대수명(83.3세) 또한 OECD 국가평균인 81.0에 비해 2살이나 더 많다. 한국의 통계 작성 이래 가장 높은 수치다. 미국의 기대수명이 낮아지고 있는 것과는 반대다. 하지만 본인 스스로 건강하다고 생각하는 비율은 29.5%로 OECD 국가 중에선 최하위권이다.

국민 1인당 의약품 판매액(589.1US$ PPP)은 OECD 평균(448.9 US$PPP)보다 140.2US$ PPP[2] 높고, 항생제 사용량 또한 세 번째로 많

---

1   OECD, 「보건통계 2018」
2   PPP(Purchasing Power Parity). 각국의 물가수준을 반영한 구매력평가환율.

다. GDP 대비 경상의료비[3]의 증가율 또한 가장 높은데, 2020년 기준 8.8%로 민간의료비 또한 꾸준히 증가하고 있다. 그나마 의무보험 의료비 역시 이에 동반해서 상승하고 있기에 자기 부담 의료비의 증가 폭을 일정 둔화시키고 있을 뿐이다.

세계보건기구에서 발표한 통계(2021)에 따르면, 30대 이상 한국인의 당뇨 유병률은 9.5%로 세계 평균 4.7%에 비해 2배가 높고 이에 따라 심혈관과 췌장 질환, 대사 장애 비율 또한 세계 최상위권이다. 국내 30세 이상 당뇨 환자 수는 570만 명을 넘었고, 당뇨 전 단계(고위험군 1,487만 명)까지 포함하면 2,000만 명을 돌파했다.

이 중 인슐린을 직접 주사 처방받고 있는 인구는 40만 명이 넘는다(대한당뇨협회, 2021). 30대 미만의 당뇨 전단계 환자까지 포함하면 우리나라 사람 5명 중 3명은 당뇨를 앓고 있다고 봐야 한다. 한국인 사망 원인 1위는 부동의 암이고 당뇨는 자살에 이어 6위이지만, 당뇨로 인한 췌장암, 담(낭)도암, 뇌혈관계 질환 등을 고려하면 당뇨로 인한 사망은 훨씬 많을 것이다.

또, 술도 안 먹고 고기도 즐기지 않는데 지방간이 있다는 진단을 받은 30대 여성들도 많다. 우리나라 성인 10중 3명이 현재 비알코올성 지방간 유병자다. 비알코올성 지방간은 하루 10g 미만의 알코올을 섭취하는데에도 간 총중량의 5% 이상에 지방이 껴 있는 경우를 말한다. 비알코

---

3   보건의료 재화와 서비스의 최종 소비(개인의료비+집합보건의료비)

올성 지방간 환자 중 30대 여성의 비율이 폭증하고 있다.

또한 비만 아동과 청소년의 지방간 유병률은 40%에 육박하고 있다. 비알코올성 지방간은 5년 동안 약 4배가 더 늘었다. 지방간 환자의 80%가 비알코올성 지방간이다. 서울아산병원은 지난 20년의 통계를 활용해 미래 예측 모델을 적용했는데, 2035년에는 국민 중 43.8%가 비알코올성 지방간 유병자가 될 것으로 추정한다. 미래의 질병 중 가장 대중적인 병이 바로 지방간과 당뇨가 될 것이다.

요약하자면, 한국인은 유병장수(有病長壽)한다. 아프게 오래 산다. 한국은 건강보험제도도 잘되어 있고 언제든 의사의 도움을 받을 수 있는 국가다. 그런데 한국인 절반 가까이는 질병을 안고 살고 있으며, 이들 중 상당수는 매일 약을 복용해야지만 치명적인 악화로 이어지지 않는 유병자다. 약을 먹고 있지만, 건강해지진 않는다.

여기에 중요한 단서가 있다. 의사의 역량과 좋은 약이 건강을 가져다주진 않는다는 점이다. 그리고 당뇨병의 사례에서 보듯 의사들의 노력이 무색하게도 당뇨 환자들은 오히려 늘어나고 있다. 의사와 약의 도움을 받았으면 응당 당뇨가 치유되거나 완화되는 환자가 늘어야 하는데 현실은 정반대다. 정부와 시민은 과거보다 더 많은 돈을 건강과 의료에 투자하고 있지만 더 아프다. 어찌 된 일일까.

3장

환원주의 의학의 한계

3분 진료와 대중요법

미국의 초대 대통령 조지 워싱턴은 1799년 12월의 추운 밤에 사망했다. 사망 당일의 기록이 상세하게 남아 있는데, 이는 의학계에서 상당한 논란을 불러왔다. 조지 워싱턴은 감염에서부터 급성폐렴까지 다양한 질환을 앓은 것으로 추정되는데, 당대 최고의 의사들이 들러붙어 사망일 하루 동안 고작 한 것이라고는 체액의 거의 40%에 해당하는 대량의 피를 뽑았던 사혈요법(bloodletting)이 전부였다.

미국에서 혈액은행이 창설되었을 때는 1936년이었다. 조지 워싱턴은 간단한 감염질환의 일종이었을 것으로 추측되는 상황에서 어이없게도 대량 실혈로 목숨을 잃었다. 이것이 불과 약 200년 전의 일이다. 18세기 이래 의학의 발전은 눈부셨다. 로버트 훅(1635~1703)은 현미경과 세포를 발견했고, 감염의 원리가 밝혀졌으며 페니실린 발견 이후 세균·바이러스·림프구·면역학·뇌신경학·뇌의 비밀까지, 인체의 원리에 대한 놀라운 발견은 기존의 비과학적 민간요법을 제도권 밖으로 밀어내기 시작했다.

소염제와 항생제는 2차 세계대전에서 만능의 치트 키(cheat key)로 각광받았다. 다행스러운 일이지만, 유연한 몸을 가진 고양이를 삶아 먹으면 척추 질환을 고치고 소 도가니를 달여 먹으면 무릎을 고칠 수 있고,

집 대문에 마늘과 고추를 매달아 놓으면 콜레라와 말라리아를 물리칠 수 있다고 믿었던 황당한 민간요법들과 장터에서 이 약 한번 잡숴 보라며 팔았던 만병통치약도 사라졌다.

하지만 20세기는 근대과학이 이룬 성취에 대한 경외심이 너무나 컸던 나머지, 현대의학에 대한 맹신이 극에 달했던 시절이었다. 그리고 그 대부분은 '병원체'와 '염증'이라는 적군을 약물로 공격해야 한다는 교리로 빠졌다. 몸의 면역력을 유지·강화해서 물리칠 수 있는 염증에 대해서도 항생제를 몸에 들이부었고, 암 치료를 위해 몸의 백혈구를 모두 죽여 버리는 항암 시술도 서슴지 않았다.

1999년 머크사는 바이옥스 관절염 치료제를 출시했는데, 이 치료제는 FDA 승인까지 받은 약물이었다. 이후 바이옥스 부작용인 심장마비로 사망한 사람은 무려 6만 명에 달했고, 결국 2004년 시장에서 퇴출당했다. 고통을 줄여 준다는 미명 아래 판매되었던 마약성 진통제 옥시콘틴은 2000년대 미국의 마약 중독자를 2배나 양산했는데, 제조자인 어퓨파마는 피해자들의 소송에 불응하고 파산 처리하기도 했다. 사람의 생명을 살리고 건강을 지키는 의학이 언제부터인가 의료 소비를 위한 도구로 이용되기도 한다.

대중요법으로 병을 고칠 수 없는 이유

2022년 영국에선 병원 진료를 기다리다 사망한 환자가 12만 명을 넘어섰다. 영국의 의료제도는 국가가 모든 의료비용의 부담을 지는데, 예산이 대폭 삭감되자 의료진에 대한 급여도 26% 삭감되어 의료 현장에 심각한 공백이 발생했기 때문이다. 2023년 8월 현재 진료 대기 환자만 760만 명이다. 미국 파산 가구의 40%는 큰 병 등의 과도한 의료비 지출로 인해 발생한 것이다.

한국의 건강보험이 미국 등에 비해선 우월한 제도이며 의학 기술과 의료 접근성(도시의 경우)이 세계 최고 수준이라는 것은 이미 잘 알려져 있다. 감기에 걸렸다는 이유로 내과에 가고, 어깨에 담이 왔다고 다음 날 한의원에서 물리치료를 받는 한국인의 모습은 적어도 영국인들의 눈엔 '의료 천국' 또는 '과잉 진료'로 보일지도 모른다. 하지만 한국이 영국이 될 날이 얼마 남지 않았다는 경고도 있다. 낮은 의료보험 수가와 소아청소년과에 대한 기피로 간단한 수술조차 받지 못해 숨진 아이들이 있었다.

또 한국은 아직 주치의 제도가 도입되지 않고 있다. 북유럽 일부 국가와는 달리 가족과 나의 생애 주기별 병력을 꾸준히 관리해 주는 주치의 제도가 아니다. 병원에 가서 증상을 말하면 의사는 처방한다. 정말로 그게 끝이라고 해도 과언이 아니다. 모든 증상에는 표준 매뉴얼이라는 것이 있다. 의사들은 대개 이에 따라 행동한다. 다양한 요인으로 인한 병의 근원과 치유에는 이르지 못하는 것이 당연하다.

물론 현재의 진찰료에 대한 보험수가로는 3분 이상의 시간을 할애해 환자의 건강을 위한 조언과 지속적 관리를 하지 못한다는 의사들의 볼멘소리도 많다. 명백한 한계다. 종내 우울하다고 하면 우울증 약을 처방하고, 혈당 수치가 높게 나오면 당뇨병약과 고지혈증 약을 처방한다. 불면증이 심하다고 말하면 수면제를 처방하고, 통증 때문에 잠을 못 잔다고 하면 진통제까지 함께 처방한다. 약을 먹은 후 발기부전, 무기력증, 근육통이 심해졌다고 하면 애초 당뇨병이 그렇다고 말한다.

당연히 진실은 그렇지 않다. 수십 가지 요인 중 그것조차도 인과율이 아닌 상관관계에 있는 환원 논리일 뿐이다. 여기서 가장 중요한 질문인, 왜 우울증이 왔는가나 어떤 생활 습관이 당뇨를 불렀고 이를 위해 바꿔야 할 라이프 스타일은 무엇인지를 체크해서 관리하진 못한다. 심지어 해당 질병의 작동 원리에 관해 물으면 좋은 자료가 많으니 인터넷으로 검색해서 공부하라고 권고하는 의사도 부지기수다.

당뇨병을 오랫동안 앓아 온 환자는 한 달 동안 먹을 약을 챙겨 집으로 돌아오지만, 그 약이 몸을 회복시켜 줄 것이라고 믿지 않는다. 그저 증상(현상)의 악화를 막아 줄 것으로 믿는다. 그건 의사도 마찬가지다. "당뇨엔 완치란 없다. 그저 관리할 뿐"이라는 의사의 말을 들은 환자 대부분은 적극적인 몸의 변화 대신 증상만을 관리하는 약물을 선택하기 마련이다. 계단 오르기와 식단 조절 등의 꾸준한 노력으로 당화혈색소과 중성지방 등의 수치 지표가 좋아지는 경우도 있지만, 대부분은 악화와 완화라는 사이클을 무서울 정도로 반복한다. 인슐린 주사까지 처방받게 되면 몸의 치유력은 거의 바닥난 것이나 다름없다.

원래 당뇨병은 혈액 속 포도당을 세포에 넣어 주지 못하는 병이다. 인슐린 분비 기능에 문제가 생겼거나, 분비된 인슐린을 세포가 흡수하지 못하는 '인슐린 저항성'이 근본 문제다. 인슐린 저항성이 왜 생긴 것일까? 고혈당으로 인슐린 저항성이 생긴다고 믿는 환자들도 많다. 하지만 이는 근본 원인과 결과를 바꿔 생각한 결과다. 애초 인슐린 저항의 원인은 인슐린이다.

인슐린 저항은 인슐린의 효율이 떨어졌음을 의미하는데, 혈관의 포도당을 세포에 전달하기 위해 더 많은 인슐린을 쥐어짠다. 우리 몸은 특정 호르몬을 반복해서 접하면 점차 내성이 생겨 더 많은 양이 투입되어도 효율은 떨어지는 특성을 보인다. 나중엔 혈액 안에 잉여 혈당이 넘쳐도 인슐린 생산을 제대로 하지 못하고 세포는 혈당을 흡수할 수 있는 창구를 닫는다. 인슐린 수용체와 포도당 수송체가 들어오는 문을 닫아버리는 것이다. 혈액 속 혈당이 지속해서 많아지면 피는 끈적거리게 된다. 혈당은 염증을 생성하고 이 염증을 치료하기 위해 출동한 면역기능이 오히려 심혈관 질환을 유발한다. 잉여 혈당은 내장과 복부 등의 지방으로 축적되거나 간 주변에도 끼는데, 지방간은 지방분해와 대사를 억제한다. 이것이 바로 인슐린 저항성이다.

그들은 약을 평생 복용하라고 한다

따져 보면 고혈당이 인슐린 저항성을 만드는 것이 아니라 인슐린 저항성 때문에 혈액 속 포도당을 처리하지 못하게 되는 것이다. 이것이 당뇨다. 그런데 병원에선 지속해서 외부에서의 인슐린 투입을 처방한다. 악순환은 이렇게 반복된다. 의사는 당장 당뇨합병증을 우려해 혈당을 낮추기 위해 인슐린을 처방했지만, 이 패턴이 만성화되면 결국 심장마비·뇌졸중·실명·신부전·피부 괴사·장암 등으로 이어진다.

여기에 더해 당뇨 환자들에게 동반되는 고지혈을 낮추기 위해 스타틴 계열의 약(콜레스테롤 조절 약)이 처방된다. 스타틴은 인슐린을 높여 인슐린 저항성을 지속시키고 코큐텐(CoQ10) 수치를 감소시켜 만성피로를 불러오는 경우가 많다. 그래서 최근에 의사들은 코큐텐을 함께 처방하기도 한다. 약물의 장기 복용에 따른 내성과 부작용은 이미 학계에 널리 보고되어 있다.

의사들은 통상 일 년에 두어 번씩 당뇨약을 바꾸곤 하는데, 이는 약물 내성 때문이다. 약물로 인한 췌장의 악화는 덤이다. 대학병원의 성형외과 대기실엔 당뇨 합병증으로 손발가락 절단 수술을 받은 환자들이 자리를 메우고, 안과엔 당뇨망막병증으로 시력을 잃은 환자들이 앉아 있다. 의사들은 당뇨 치료제를 복용하기 시작하면 평생 먹어야 한다고 설명한다. 말대로라면 당뇨는 불치병인 셈이다. 정말 그럴까? 음식과 대사의 문제로 생긴 질병인데, 식단을 바꾸고 대사 균형을 회복하면 완치되는 것 아닌가. 하지만 현재 처방되고 있는 대증요법으로는 의사들의 말이 맞다. 약으로는 대사를 고치지 못하기 때문이다.

애초 초기 당뇨 증상을 나타났을 때 바람직한 처방은 식습관 교정이다. 당뇨 자체가 식습관으로 인해 발생하는 병이기 때문이다. 하지만 식습관 교정은 무척 어렵다. 환자가 자신의 병에 대한 지식이 있어야 하고, 무엇보다 자신의 입맛과 생활 습관을 바꾸겠다는 의지가 필수적이다. 환자의 결심으로 입맛과 수면습관, 식사 패턴 등을 바꾸면 당뇨병은 완치된다.

완치란 별것이 아니다. 약을 끊어도 생활과 생존에 문제가 없을 때 완치라고 한다. 입맛이 중요한 이유는 식습관을 바꾸는 데 결정적이기 때문이다. 자극에 길들여진 입맛은 기존에 먹던 음식을 줄이거나 끊었을 때를 견디지 못하는 경우가 많다. 운동과 식단 제한으로 짧은 기간 혈당을 낮출 순 있겠지만, 이것이 지속 가능하기 위해선 환자가 해낼 수 있는 역량이 있어야 한다. 하지만 의사가 환자에게 내어 줄 시간은 고작 3분 미만이다. 정밀한 교육과 일종의 대사 프로그램이 필요한 사람에게 약봉지를 내주고 끝내는 것이다. 치유력 대신 증상만을 완화하는 대증요법(symptomatic treatment)의 한계다.

병원체라는 말을 버려라

2014년 학술지 「네이처」에 '병원체라는 용어를 버려라(Ditch the term pathogen)[1]'라는 제목의 기고문이 실렸다. 질병을 일으키는 미생물을 지나치게 강조한 의학 패러다임이 오히려 전염병을 이해하는 데 장애가 되고 있다는 주장을 담고 있다. 기고자들은 "숙주

「네이처」, 2014년 12월 11일자, vol 516.

(사람) 없이 미생물 혼자서 질병을 일으킬 수는 없다. 질병은 숙주와 미

---

1   Arturo Casadevall · Liise-anne Pirofski, 『Ditch the term pathogen, Nature』, 2014.

생물 사이의 상호작용으로 나타나는 여러 가능한 결과들 가운데 하나"라고 설명한다. 그런데 '병원체'라는 용어가 연구자나 의사의 관심을 미생물에만 집중하게 만들어 효과적인 치료법의 발견을 방해할 수 있다고 주장했다.

기고자들은 절대적인 병원체도 없고 절대적인 유익균 또는 무해균도 없다며 중요한 건 '맥락'이라고 강조한다. 예를 들어 '아스페르길루스 푸미가투스(Aspergillus fumigatus)'라는 곰팡이는 건강한 사람들에게는 무해하지만 백혈병 환자들에게는 중증의 폐질환을 유발할 수 있다. 황색포도상구균이 비강에 감염돼도 세 사람 가운데 한 명에서는 아무 증상도 생기지 않는다는 것이다. 다시 말해 미생물이 무엇을 할 수 있고 무엇을 할 수 없는지에 초점을 맞추는 대신, 숙주와 미생물의 상호작용이 숙주에게 손상을 줄 수 있는지, 있다면 왜 그런지 연구해야 한다는 말이다.

사실 이 주장의 배경은 19세기에도 있었다. 위대한 과학자 루이 파스퇴르(Louis Pasteur)와 클로드 베르나르(Claude Bernard)는 질병의 원인과 치료에 대해 오랜 시간 논쟁을 이어 갔다. 미생물학자인 파스퇴르는 세균설(germ theory)을 주장했다. 질병의 원인은 병균의 침입이라는 것이다. 20세기 의학계가 항생제 처방을 주로 하게 된 배경이기도 하다.

반면에 생리학자였던 클로드 베르나르는 우리 몸의 내부 환경에 주목했다. 병균과 바이러스는 자연과 일상에서 늘 존재하는데, 중요한 것은 몸 '내부의 균형(milieu intérieur: 항상성)'이 깨질 때 병에 걸린다는 것이었다. 베르나르는 인체의 소화기능, 간의 역할과 췌장의 기능, 교감신경계와 간의 당 산출 기능 등을 밝혀낸 실험생물학의 창시자이기도 했다.

병원균에 집중했던 파스퇴르와 인체의 생리작용을 연구했던 베르나르의 주장이 대립한 것은 이런 학술적 배경이 있었기 때문이기도 하다. 면역학자들은 숙주를 변수로 미생물을 상수로 잡고 실험을 설계하는 데 반해, 생

루이 파스퇴르(Louis Pasteur. 1922~1895)

리학자들은 미생물을 변수로 숙주는 상수로 잡고 문제를 다룬다.

클로드 베르나르(Claude Bernard. 1813~1878)

면역을 키워야 할까? 병균을 박멸해야 할까?

실제 사람의 피부와 장기에는 수조 개가 넘는 균이 살고 있다. 여기엔 유익균과 유해균 모두 있다. 코와 구강 내에도 늘 바이러스가 존재하지만, 이 바이러스가 있다는 이유로 모두 질병에 걸리진 않는다. 당시 격렬했던 이 논쟁의 승자는 파스퇴르였다. 무엇보다 베르나르가 주장한 치료법은 영양 관리, 운동과 수면, 스트레스 감소, 바른 자세 등이었는데 딱 봐도 돈이 안 되는 치료법이었다. 병원체를 공격할 수 있는 백신과 항생제, 치료약을 개발하고 처방하는 것이 제약업과 의료계에 더 큰 이익이었던 것이다.

이후 록펠러의대 미생물학 교수였던 르네 뒤보(Rene Dubos)가 베르나르의 이론을 과학적으로 실증해 냈다. 뒤보는 "질병에서 완전히 자유로워진다는 것은 신기루와 같은 환상이다."라는 말을 남기기도 했다. 인간의 대응할 수 있는 치료제와 백신은 자연계에 존재하는 바이러스의 수조분의 일도 되지 못한다. 중요한 것은 인간의 면역기능을 살리는 일이다.

물론 파스퇴르의 업적은 대단했다. 그는 광견병과 탄저병을 비롯한 각종 전염병 백신의 과학적 기초를 마련했고, 저온살균법을 개발해 특허를 포기함으로써 수천만 명의 목숨을 구했다. 나이팅게일이 크림전쟁(1853~1856)에서 감염에 의한 사망자를 극적으로 줄일 수 있었던 것도, 2차 세계 대전에서 부상자들이 생환할 수 있었던 것도 모두 '세균과 감염에 대한 이론' 때문이었다. 파스퇴르는 그야말로 공중보건학의 산파였다.

하지만 이후 주류 의학계는 병원균에 집착한 나머지 사람의 면역력까지 붕괴시키는 치료법을 선호하게 되었다. 파스퇴르는 임종 직전 "씨앗(바이러스)은 별게 아니야. 문제는 토양(면역력)이지."라고 말을 해 평생 논쟁했던 베르나르가 옳았다는 것을 인정했다는 이야기가 전해진다. 하지만 '전해진다'는 말만 여러 책을 통해 전해질 뿐, 정확한 원전의 출처를 확인할 수 없었다.

현대의학은 해로운 미생물을 차단하고 전염병을 예방·퇴치하는 혁명과도 같은 진전을 이루었다. 하지만 이후 현대의학이 이 접근법(환원주의 의학: reductionist medicine)을 무비판적으로 수용해 버린 데에서 의료의 비극이 시작되었다. 사람 몸의 작용은 복잡하며, 사람이 처한 환경에 따라 질병의 원인도 달라질 수 있다. 그런데 파스퇴르를 중심으로 한 환원주의[2] 의학의 접근법은 질병은 각각의 개별 증상이나 이상을 개별적으로 해결함으로써 치료될 수 있다고 가정한다.

몸이라는 토양의 건강을 우선하기보다, 외부 유입 물질에 의한 염증 반응 자체를 말살하려 드는 것이다. 이 접근법은 인체의 복잡성을 지나치게 단순화하고 다른 생리학적 체계 간의 상호 작용을 무시하면서 '증상의 호전 → 증상의 악화 → 호전 → 악화와 합병증의 발병'이라는 패러다임을 무섭도록 반복하게 만든다. 병을 진정으로 이해하고 치료하

2　환원주의란 고차원적인 사물과 개념도 세분화하고 쪼개면 그 본질을 명확하게 드러낼 수 있다고 믿는 철학 경향이다. 이에 따라 환원주의 의학 역시 사람 몸을 총체적으로 보지 않고 증상과 내부 기관의 기능에 집중해서 치료법을 채택한다.

기 위해서는 신체의 다른 구성 요소 간의 상호 작용을 고려한, 보다 총체적인 접근법이 필요했다.

그땐 맞았고 지금은 아니다?

환자 개인에 걸맞은 치료와 장기적 프로그램을 강조했던 베르나르의 철학은 20세기 말에 들어서야 다시 주목받기 시작했다. 왜냐면 환원주의를 기반으로 한 현대의학의 한계를 더는 숨길 수 없는 지경에 이르렀기 때문이다. 제약사들은 의사와 약사에게 자사의 약물을 처방할 때마다 인센티브를 주었고, 병원과 의사의 연구자금을 지원해 주었다. 이후 식품업계가 이 시스템에 합류했다. 그들은 미국심장협회(미국심장학회와는 연관 없는 단체다)와 나라의 식품 영양정책을 결정하는 상·하원 등의 기관에 전폭적인 후원을 아끼지 않았다.

그 결과 미국심장협회가 사람의 몸에 이롭다고 판명한 가공식품과 트랜스지방, 식물 씨앗 추출 기름이 마트에서 더 많이 팔리는 지경까지 이르게 되었다. 대표적으로 시리얼과, 카놀라유, 해바라기씨유, 포도씨유, 대두유 등의 식물성 지방과 마가린과 같은 트랜스지방산이 있다. 이들 식품은 당질이 너무 많아 소아비만을 촉진하거나 사람의 대사와 뇌 신경세포에 부정적 기능을 한다. 이 기간 라드(돼지기름)와 버터와 같은 동물성 지방 소비량은 극적으로 감소했다.

이후 다시 다루겠지만, 콜레스테롤에 대한 공격은 미국 소비자들에게 엄청난 공포를 심어 주었는데, 실제 동물성 지방의 섭취와 콜레스테롤 수치는 비례하지 않았고 오히려 높거나 낮은 콜레스테롤 수치가 건강에 치명적이라는 사실이 밝혀지기도 했다. 식물성 지방과 트랜스지방산보다 동물성 지방이 인체에 미치는 해가 적다는 것이 밝혀지자, 2014년 6월 「타임스(Times)」는 표지 사진을 버터로 발행

2014년 6월 타임지의 표지. "과학자들은 그동안 비만의 적이라고 낙인찍었다. 그들은 왜 틀렸을까?"

하며 버터와 달걀에 씌운 누명을 탐사 보도하기까지 했다.

미국 '하버드 공중보건학' 교수 윌렛(Walter Willett) 박사는 영양학자로 TV에 단골로 등장하는 스타 교수다. 그래서 지난 20년간 미국 소비자들에게 높은 신뢰를 받아 온 인물이다. 1992년 미국농무부(USDA)는 건강한 식사를 위한 '푸드 피라미드'를 공표했는데, 60%를 탄수화물로 채우고 지방 섭취를 최소화하라는 권고였다. 미국 정부 역시 콜레스테롤 괴담에 큰 영향을 받았고, 무엇보다 미국 농업의 근간인 밀과 옥수수, 설탕 기업들을 위한 조치이기도 했다.

이에 2005년 윌렛 박사와 그의 동료들은 정부의 푸드 피라미드가 건강하지 않으며, 야채와 통곡물이 몸에 좋고 정제 밀은 좋지 않으며, 일

부 지방 역시 나쁘지 않다는 '하버드 푸드 피라미드'를 발표했다. 그는 대중으로부터 많은 지지를 얻었고, 학문적 명성도 얻었다. 문제는 그가 여전히 포화지방이 건강의 적이며 채식과 식물추출 기름(지방)의 섭취가 건강의 지름길이라고 선전했다는 점이다.

심지어 그의 식단을 보면 오메가3를 풍부하게 얻을 수 있는 생선조차도 동물성 지방이라는 이유로 식물성 식용유 뒤로 밀려난 것을 확인할 수 있다. 심지어 그는 오메가6 기름의 소비를 현재의 14%에서 18%까지 끌어올려야 한다고까지 주장했다. 그가 이끄는 하버드 공중보건교실(T.H.CHAN)의 영향력은 대단해서 미국은 물론 한국의 영양학자들도 감히 그의 주장에 토를 달지 못했던 시절이 있었다.

하지만 그의 공중보건교실이 미국 설탕 기업과 식물성 식용유 회사로부터 엄청난 후원을 받아 왔다는 것과 공중보건교실의 일부 연구는 설탕 회사의 로비 때문에 미리 정한 결론을 위해 엉성하게 설계한 엉터리 논문이었다는 것이 밝혀지며 파장이 일기도 했다. 오메가6 지방산의 유해성이 규명되지 않았다면, 그의 주장은 여전히 맹위를 떨치고 있었을 것이다. 학문적 권위란 이렇듯 진실과 관련 없이 엄청난 힘을 갖고 있다.

이런 사례는 너무나 많아서 본문에서 모두 소개하지 못할 지경이다. 한국에서도 우지 파동이 있었다. 삼양라면이 사용하는 우지(牛脂: 쇠기름)가 산패 관리 기준에서 벗어나 인체에 치명적이라는 투서 한 통으로 검찰이 수사에 나섰던 사건이다. 라면 시장 부동의 1위였던 삼양라면이 분해 직전까지 내몰렸던 스캔들이었다. 이때 잃은 삼양의 라면 시장 점

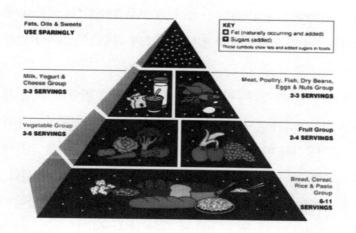

1992년 미국농무부가 제시한 푸드 피라미드. 밀과 쌀과 같은 탄수화물을 가장 많이 섭취할 것을 권고하고 있다.

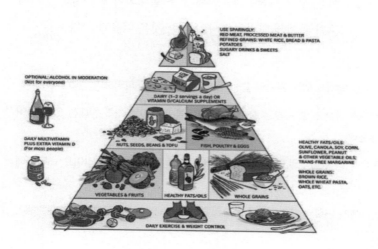

Walter Willett's food pyramid. 2000년 하버드 공중보건 출판자료에 실린 윌렛 박사의 푸드 피라미드. 가장 건강한 식생활을 통곡물과 식물 추출 지방산 기름이라고 표시했다.

미국농무부와 윌렛 박사의 푸드 피라미드

유율(58% → 15%)을 농심(35% → 68%)이 모두 탈취했다. 의학적 권위를 앞세운 일종의 연구 결과와 검찰의 기소에 대중들이 얼마나 민감하게 반응하는지를 알 수 있다.

이 사건으로 삼양은 부랴부랴 우지를 식물성 팜유로 바꿨다. 사실 식용 우지는 식물성 팜유보다 더 비쌌고, 무엇보다 당시 식물성 팜유의 원재료는 공업용이라 한 번 더 정제해서 사용해야 했다. 팜유를 고온에서 압축 가열할 경우 지방산의 조직이 변화되고, 오메가6가 생성된다. 실제 인체에 해롭다고 밝혀진 밀가루의 '글루텐'은 당시 이야기 축에도 끼지 못했다. 그땐 밀가루 먹는 것이 애국이었던 시절이다.

"그땐 맞았지만, 지금은 아니다." 식의 표준 처방 매뉴얼에 지친 이들은 대안적 의학을 찾기 시작했다. 20세기 초 현대의학에 종사하는 의사들 일부가 기존의 관행에 반발하면서 주장한 것은 다음과 같다.

① 건강을 해치고 있는 환자의 섭생과 가족력까지 모두 파악해야 한다.
② 환자에 대한 진료 시간은 충분해야 하며, 환자의 이야기를 인내심 있게 들어야 한다.
③ 증상에 집착하지 말고, 영양과 스트레스, 운동과 수면 같은 라이프 스타일에 집중하라.
④ 환자에게 변화된 프로그램을 권고하고 라이프 스타일을 주기적으로 관찰해야 한다.

이런 경향에 보완 약제와 기법에 대한 환자들의 만족도가 검증되면서 자연치유 방법은 대중화되었다.

자연치유(naturopathy)의 태동

현대의학에 대한 반성적 검토, 또는 대안적 모델을 고민한 쪽은 역설적으로 서양 의학자들이었다. 1900년대에 들어서면서 미국·독일·영국 등의 일단의 그룹들이 병원균 퇴치나 수술에 의존해 병증의 완화에만 집중해 왔던 관행에 대한 비판적 검토를 시작했다. 그들은 현대의학적 처방이 명백한 제한성을 지니고 있다는 것을 인정했다.

이는 현대의학의 효능에 대한 무력감에서 비롯된 것이기도 하다. 그 제한성은 질병의 근본 원인이 아닌 증상에 집중하면 언제든 재발·악화된다는 경험에 의한 것이다. 무엇보다 만성 염증과 퇴행성 질환과 같은 증상에는 약물보다 생활 습관(라이프 스타일)이 더 중요하다는 것과 증상에만 집중할 경우 하나의 처방전만 필요하지만, 환자에게 집중하면 종합적이고 장기적인 프로그램이 필요하다는 인식이 싹트기 시작한 것이다.

비만으로 인해 자존감이 떨어지고 불면증에 시달리는 공황장애 환자에게 병원에서 주로 처방하는 것은 세로토닌에 관여하는 플루옥세틴 치료제 정도다. 그런데 비만과 불면증, 그리고 공황장애는 어느 하나를 떼어 놓고 인과관계를 파악하기 어려울 만큼 밀접하게 상호 영향을 주는 증상이다. 비만의 원인은 다양하다. 뇌의 호르몬 조절에 문제가 생겼을 수도 있고, 스트레스로 인한 수면 부족, 그리고 수면 부족에 따른 대사 질환이 그 원인일 수도 있다. 외상후 스트레스장애나 극심한 업무 압박감이 그 원인이 될 수도 있다. 즉, 약 처방으로만 완치하기 어려운 질병이다.

여기에 중요한 단서가 있다. 병원체로 인한 감염 증상을 제외하고 대부분의 질병은 한 가지 원인으로만 발병하지 않는다. 또한 해당 질병이 만성화되면 다른 질병도 동반 발현된다. 이를 '합병증'이라고 한다. 만성 당뇨병 환자에게는 약에는 고지혈증 치료제, 혈관 이완제, 고혈압과 부정맥 치료제, 인슐린, 이뇨제, 비타민 D 등이 함께 처방된다. 질병은 하나이지만, 이로 인한 증상이 많기에 약도 많아지는 것이다. 이 약들 역시 장기간 복용할 경우 간과 췌장에 심각한 타격을 입힌다. 그래서 의사들은 일부 약을 끊고 다른 약을 추가로 처방하고 주기적으로 간과 췌장을 초음파 검사한다.

"왜 이 질병이 생겼을까?"라는 질문 대신 이 질병에 잘 듣는 약을 선별하는 과정에서 본질적인 원인 대신 증상만을 완화하려는 것이 현대 의학의 맹점이기도 하다. 질병과 증상을 공격하기 이전에 몸 자체의 치유력을 높이고 환자의 건강을 통합적으로 고찰할 때, 우린 건강에 대한 해답을 얻을 수 있다. 그리고 그 방법은 비수술적 요법, 즉 몸 자체의 치유력을 향상시키는 것을 목적으로 한다.

사람의 몸이 원래 가지고 있던 회복력은 인체의 항상성(恒常性·

Homeostasis) 작용을 통하여 가능한데, 이 항상성은 생체 내의 균형을 유지하려 한다. 다시 말해 몸의 전반적인 치유 기능(항상성)을 강화해서 건강을 유지하고 질병을 치유하는 방법이다. 이런 대체보완의학을 '자연치유(Naturopathy)'라고 한다. 한국에선 아직 널리 알려지진 않았지만, 의학적 범주로는 대체로 대체의학(Alternative), 보완의학(Complementary)으로 분류하고 있으며, 현대의학과 대체의학을 함께 사용하는 통틀어 통합의학(Integrative)이라고 부르기도 한다. 왜냐면 '자연치유'가 기존의 주류 현대의학을 '대체'해서 존재하는 것은 아니기 때문이다.

보완대체의학(CAM: complementary and alterative medicine)이라는 표현은 미국에서 일반적으로 사용되는 용어이다. 기능의학(functional medicine) 역시 질병의 근원을 살펴 환자 중심의 프로그램을 운영한다. 다만 기능의학의 경우 기존 주류 의학에 더해 과학적으로 검증되고 객관적으로 증상의 호전을 정량화(입증)할 수 있는 방법만을 선별한다. 대체로 한의학을 포괄하지 않는다. 미국에서는 자연치유가 자연과 몸의 자연스러운(자발적) 치유에 의한 것이라는 데 방점을 찍어 '자발적 치유(Spontaneous Healing)'라는 명칭을 사용하는 그룹도 많다.

미국국립보건원(NIH)은 1992년에 NCCAM(National Center for Complementary and Alternative Medicine)을 만들어 자연치유(보완의학·대체의학) 연구를 추진했다. 2014년에는 NCCIH(국립보완의학통합센터: National Center of Complementary and Intergrative Health)로 명칭을 변경하고 자연치유(보완의학·통합의학)에 대한 연구를 하고 있

다. 뉴욕의대, UCLA, 하버드의대 등 각 학교에서도 이와 관련한 강의가 개설되었고, 영국의 브리스톨 암센터(BCHC)는 단당류를 제외한 영양소를 환자에게 공급하기 위해 해당 프로그램을 도입했다.

독일은 특유의 다양성과 관용적 학풍으로 인해 많은 의대에서 통합의학 프로그램을 들을 수 있다. 연방보건복지부가 보완의학과 관련한 약제와 기구, 치료 프로그램을 합법화했고, 주류 의학계 구성원들도 이런 치유법을 활용한다. 병원뿐 아니라 상담과 프로그램 운영만을 전문으로 하는 기관도 여러 곳 있다. 관련 전공자만 해도 수만 명에 이를 것으로 추산하고 있다.

서구권에선 명상과 요가, 참선 등의 방법론에 대해 유독 깊은 관심을 가진 이들이 많다. 이들은 실제 해당 프로그램을 접하고 불면증과 스트레스, 대사 장애 등을 극복해 냈으며, 이 경험을 주변 동료와 이웃에게 적극적으로 나누려 한다. 명상과 요가는 축구와 미식축구 스타들이 훈련 프로그램으로 이를 실행하면서 더욱 대중화되었다. 2022/23 시즌 잉글랜드 프리미어(EPL) 득점왕을 차지한 엘링 홀란드의 명상 루틴도 유명하다. 그들은 적어도 현대 주류 의학이 만능이 아니며, 인류가 수만 년 동안 지키고 발전시켜 왔던 전통적인 요법에서 배울 점이 많다는 것을 알고 있다. 사실 우리가 복용하고 있는 약제의 80% 이상은 자연에서 채취할 수 있고 과거에도 사용했던 전통적인 약제에서 성분을 추출한 것이다.

NCCAM에서 실행하고 있는 자연치유 요법을 분류하면 크게 생물학 기반 요법, 심신중재 요법, 수기와 신체 기반 요법, 에너지 요법으로 나눌 수 있다. 영양요법, 약초, 단식, 아로마 등을 활용한 치유 프로그램에서부터 명상과 참선, 음악 치료와 향기 치료, 춤과 미술을 활용한 마음 치료 기법, 우리에겐 익숙한 침술과 카이로프랙틱, 마사지, 테이핑 요법 등 다양하다. 물론 이 분류 체계는 NCCAM의 분류 체계일 뿐이다. 명칭이 어떻든 주류 의학의 한계를 보완하고 교정하려는 의학적 경향성은 다음과 같은 철학적 공통점을 가지고 있다.

- 우리 몸에 질병을 치유하는 능력이 있다.
- 증상 자체가 아니라 사람을 치유해야 한다.
- 질병의 요인은 외부뿐 아니라 사람의 몸 내부에서도 발생한다.
- 치유의 주체는 의사가 아닌 환자 자신이어야 한다. 의사는 다만 도울 뿐이다.
- 몸과 마음은 분리되지 않기에 우리는 마음까지 함께 치유한다.
- 임상적으로 검증된 각종 다양한 프로그램의 치유 효능에 대해 열린 태도를 견지한다.

자연치유는 인간에게 주어진 재생력과 치유력을 최대한으로 개발하고 이용하여 스스로 건강을 유지하고, 더 나아가 신체의 이상을 조절하여 장래의 질병을 예방하는 데 그 목적이 있다. 질병이란 신체 세포가 뇌세포에게 비정상 상태, 불균형, 훼손, 오염 등을 알려 주는 일종의 신호다. 자연치유란 질병 전의 건강 상태로 돌아가기 위해 체내에 있는 모든 역량을 동원하는 방법론이다.

4장

주입된 의학의 배신

칼로리 가설의 붕괴

〈The Biggest Loser〉라는 미국의 다이어트 쇼 프로그램이 있었다. 고도비만 참가자들이 13주 동안 경쟁한다. 트레이닝으로 가장 많이 감량한 자가 우승하는 프로그램이다. 시청자들은 참가자들의 초인적인 노력에 감동하고, 자신도 감량하겠다는 결심을 다지곤 한다. 그런데 TV 카메라의 앵글은 감량 성공에만 초점을 맞출 뿐 그 이후의 과정을 비추진 않는다. TV 쇼가 끝난 이후에도 그들은 건강을 유지하고 있었을까?

쇼 이후의 과정을 추적한 연구가 있었다. 〈The Biggest Loser 시즌 8〉[1] 참가자들의 쇼 이후를 연구한 것이다. 해당 프로그램의 우승자는 184kg에서 108kg으로 감량했다. 무려 55.5%의 감량률을 보였다. 미국의 연구진은 참가자 14명을 6년간 조사한 후 논문을 게재했다. 이 연구는 『The Biggest Loser 대회 이후 6년 동안 지속적인 대사 적응』[2]이라는 제목

---

[1]　2009년에 방영된 NBC 프로그램으로 16명의 고도비만 참가자들의 다이어트 트레이닝을 다루었다. 13주 기간 동안 체중 감량 비율이 가장 높은 참가자가 25만 달러의 상금을 받는다. 참가자들은 2그룹으로 분리되어 두 트레이너가 전담한다. 트레이너의 리더십과 참가자들의 협동심도 중요한 관전 요소다.

[2]　Erin Fothergil · Juen Guo,1 Lilian Howard 외 『Persistent metabolic adaptation 6

으로 발표되었다.

결론을 요약하면 이렇다. 쇼 참가 이전에 참가자의 평균 몸무게는 149kg이었는데, 6년 후에는 평균 132kg으로 복구되었다. 이 과정에서 참가자들은 극심한 대사 장애를 겪었고, 인슐린 수치는 모두 상승했다. 참가자들은 과거보다 훨씬 적게 먹었는데도 오히려 살이 쪄서 혼란스러워하고 있었다.

운동을 통해 살을 빼고 칼로리 조절을 통해 비만을 고친다는 관념이야말로 대표적인 대중요법이다. 칼로리 과잉으로 살이 찌니, 운동을 통한 칼로리 소모로 살을 빼야 한다는 단순한 전략은 일시적으로는 합당한 것으로 보이지만 장기적 관점으로 보자면 지속가능하지 않다. 우리 몸의 지방 분해 기전에 관여하는 뇌와 대사 기능을 간과한 채 칼로리 맹신에 빠진 탓이다.

"몸에 들어오는 칼로리가 나가는 칼로리보다 많으면 살찐다. 적으면 살이 빠진다. 이것보다 더 명쾌한 사실은 없다."

비만의 원인이 칼로리의 과잉 섭취에 있다는 주장은 명쾌하다. 초등생도 이해하는 산수이니 명쾌하지 않은가. 하지만 동일한 칼로리를 먹어도 사람에 따라 증량과 감량의 차이가 크다. 특히 지방과 단백질을

years after The Biggest Loser competition』. 2016 Aug;24(8):1612-9.

제대로 분해하지 못하고 있는 상태라면 칼로리를 제한하는 것은 거의 의미가 없다고 봐야 한다. 욕조의 배수구가 막혔는데, 수도꼭지의 물을 줄인다고 넘치지 않는 건 아니듯이 말이다. '칼로리 가설'에 따르면 몸의 지방은 결국 과잉 칼로리의 축적물일 뿐이다. 하지만 이는 사람의 대사 기능과 원리를 완벽히 무시한 낭설일 뿐이다. 이제는 이 칼로리 가설을 믿는 이들이 많이 사라졌다.

뉴잉글랜드의학저널(New England Journal of Medicine)은 2년간 322명을 대상으로 아래와 같은 다이어트 프로그램을 실시한 논문을 게재했다. 연구진은 대상자를 3그룹으로 나누었고, 사전 교육과 주간 관리를 통해 식단을 통제했다. A그룹에겐 저지방식으로 칼로리를 제한했고, B그룹에겐 지중해식으로 칼로리를 제한했다. C그룹에겐 저탄수화물 식단을 제공하되, 칼로리 제한은 하지 않았다.

위의 칼로리 가설대로라면 2년 후에는 저지방 식단으로 칼로리를 제한한 A그룹의 감량 효과가 가장 뛰어났어야 했다. 하지만 결과는 칼로리 제한 없는 저탄수화물 그룹(C)의 감량 성적이 가장 좋았다. 반대로 지방을 줄이고 칼로리도 억제했던 A그룹의 성적이 가장 나빴다. 근소한 차이가 아니라 꽤 큰 격차가 발생했다. 동양인과 백인 등의 인종적 구분은 의미가 없었다.

이 논문뿐 아니라 지방·단백질·탄수화물의 비율을 놓고 꽤 많은 실험이 진행되었다. 연구 방법에 따라 결론 차이가 크다. 하지만 공통점이 있다면 칼로리가 상대적으로 적은 탄수화물 중심의 식단이 단백질과 지방 중심의 식단에 비해 감량 효과가 떨어졌고, 요요(체중 회복) 등의 문제가 심했다는 것이다.

칼로리 가설을 처음으로 주장한 사람은 미국의 장 마이어라는 영양학
자다. 그는 비만에 대한 논문을 여러 차례 발표하며 미국 내에서 체중
조절과 비만 해결 전도사로 주목받았던 인물이었다. 또, 앤설 키즈라
는 미국의 생리학자는 심장병의 원인이 포화지방과 콜레스테롤에 있다
는 소위 '지질 심장병 가설'을 주장하며 타임지 표지에 실렸다. 미국 내
에서 그의 권위는 매우 높았고, 각종 식품업체의 후원을 받는 미국심장
협회까지 지원 사격을 해 주었다. 이런 이유로 1970년대 미국인은 지방
대신 탄수화물을, 버터와 라드 대신 트랜스지방과 식물 추출 식용유를
선택하기 시작했다.

아침에 시리얼과 토스트를 먹고 나가는 것이 건강에 좋은 것이라는
홍보가 요란했고, 옥수수와 감자로 만든 튀김류가 건강식이라는 광고
도 유포되었다. 이 중 가장 비참한 식단 변화는 버터 대신 콩기름, 카놀
라유, 포도씨유와 같이 핵산을 이용해 기름을 추출·정제하는 식물성
오메가6 지방산 기름이 시장과 주방을 장악하기 시작한 것이다.

이후 앤설 키즈 박사의 논문은 통계 자료를 조작한 것으로 밝혀졌고,
이후로도 그의 지질 심장병 가설은 20년간 단 한 차례도 입증되지 못했
다. 오히려 이를 반증하는 연구 결과만 쏟아져 나왔다. 하지만 아직도
많은 한국인이 '포화지방 → 심장병'이라는 등식을 굳게 믿고 있으며,
지방 섭취가 혈관을 막고 염증을 유발할 것이라는 이미 폐기된 학설에
따라 일종의 두려움을 안고 있다. 쌀과 콩 식용유는 식물이니까 건강할

것이라는 통념 또한 영향을 미쳤다.

　진실은 무엇일까? 실상은 정반대다. 탄수화물과 단백질은 포도당, 아미노산으로 분해되어 거의 100% 온전히 체내에 흡수된다. 특히 탄수화물의 포도당 변환 속도는 매우 빠르며 설탕과 시럽이 들어간 단당류 제품의 경우 일주일만 과잉 섭취해도 즉각 지방으로 변화되어 지방간을 생성한다. 또 당류와 탄수화물이 생성한 포도당을 처리하기 위해 과분비된 인슐린은 새로운 지방합성에 관여한다. 인슐린으로 인해 비만도 생기는 것이다. 반대로 지방의 경우 장에서 모두 흡수되기 어렵다. 고기와 버터 같은 포화지방산은 흡수율을 무척 나빠서 대량으로 먹어도 체내에 주입되기 어렵다. 콜레스테롤 역시 마찬가지 성질을 가지고 있다.

탄수화물 67%가 균형 잡힌 식단일까

탄수화물과 포화지방산, 단불포화지방산, 다불포화지방산 등의 섭취가 사망률에 어떤 연관이 있는지 10년을 추적 조사한 연구 결과도 있다. 2017년 「란셋(The Lancet)」에 게재된 것으로, 고소득 국가와 중진국, 개발도상국 등을 망라한 18개국의 13만 5,000명을 대상으로 한 조사 결과였다.

2003년부터 조사했는데, 아시아인 비아시계와 상관없이 탄수화물을 먹을수록 사망률이 높았다. 반대로 지방을 먹을수록 사망률은 낮아졌다. 콜레스테롤 수치 역시 기존의 상식을 뒤집는 것이다. 일반적으로 지방을 많이 섭취하면 콜레스테롤 수치가 높을 것으로 생각했지만 실제로는 그렇지 않았다. 오히려 지방을 먹을수록 콜레스테롤 수치는 안정화되었다. 더 중요한 것은 콜레스테롤 수치와 사망률은 비례하지 않았다는 사실이다.

"한국인은 밥심이다."
"엄마 집밥이 가장 좋은 식단이다."

쌀밥을 많이 먹고도 건강할 수 있다면 얼마나 좋을까. 어머니가 내어주신 김치찌개에 하얀 김이 올라오는 흰쌀밥을 먹거나 밥도둑이라는 간장게장을 다량의 흰밥과 자주 먹어도 건강할 수 있다면 얼마나 좋을까. 물론 활동량과 대사량이 높은 사람들은 이렇게 먹어도 건강하다. 때로 더 먹어도 괜찮다. 농사꾼이 고봉에 쌀밥이 가득한 새참을 챙겨 먹어도 문제없는 것처럼 말이다.

그런데 대부분 현대인이 그렇지 않다는 게 문제다. 심각한 당뇨를 앓으면서도 병세가 호전되지 않는 어르신들을 자주 보게 된다. 그분들에게 가장 힘든 것이 무엇이냐고 물으면 대부분 '흰쌀밥의 유혹'이라고 말씀하신다. 비만으로 고민하는 여성들은 식후에 먹는 빵과 당을 결코 끊지 못할 것 같다고 고백한다. 당질의 중독성은 사실 뇌에 각인된 것이다. '당(정제 탄수화물) → 인슐린 저항성 → 대사 장애'의 사이클은 이제 가장 보편적인 한국인의 질병 패러다임으로 자리 잡았다.

탄수화물이 원래부터 문제가 되었던 것은 아니다. 50년 전만 해도 보리와 조, 수수, 콩, 현미와 쌀을 섞어 먹는 비율이 높았다. 고구마와 감자도 자주 먹었다. '이밥'이라고 불렀던 흰쌀밥은 명절날이나 생일, 제삿날에 먹는 음식이었다. 하지만 한국전쟁 이후 곡물 생산량이 급감하고 인구가 폭증하자, 밥상엔 국수와 수제비가 자주 올랐다. 쌀이 부족했지만, UN의 밀가루 구호물자는 시장에 풀렸던 탓이다.

1960년대 전체 초등학생의 4분의 1인 108만 명이 영양실조였다. 정부가 값싼 라면을 쌀 대체식품으로 추진하고 술을 만들 때 쌀을 사용하지 못하게 한 것도 이 시기였다. 이미 우리가 경험했듯 탄수화물 중심의 식단은 영양 불균형을 가져온다. 현재 UN의 지원을 받는 콩고민주공화국, 소말리아, 그리고 우간다의 카라모자 지역의 의료진들은 영양실조를 해결하기 위해 육류와 생선, 유제품이 가장 시급하다고 호소하고 있다. 모두 오메가3와 포화지방이다.

식단의 94%가 탄수화물로 구성되어 있어도 문제가 없었던 이들도 있다. 1973년 미국의 연구진은 1966년~1968년 동안 파푸아뉴기니 투키센타 원주민의 식단을 조사했다. 그들은 탄수화물 94.6%, 단백질 3%, 지방 2.4%만을 섭취했다. 이들에게서 비만과 고혈압, 당뇨와 허혈성 심장병을 발견할 수 없었고 대부분 날씬하고 좋은 영양 상태를 유지하고 있었다. 그들은 정제 탄수화물(백밀)을 먹지 않았고 정제설탕과 다불포화지방산이 많이 함유된 식물 씨앗 추출 기름 또한 먹지 않았다. 그들의 주식은 고구마였다.

영양결핍 비만의 등장

건강보험심사평가원의 통계에 의하면 2017년부터 2021년까지 비만 인구의 증가는 연평균 22.3%인데, 영양결핍 인구 역시 이에 비례해 19.2%씩 증가하고 있다. 그리고 비만 인구와 영양결핍 인구는 대부분 겹쳐 있었다. 이를 보고 일부 전문가들은 "육식을 줄이고 채소류 섭취를 늘려 미네랄과 비타민 섭취를 늘려야 한다."고 권한다. 실제 영양결핍 환자의 73.5% 이상이 만성적 비타민D 부족이고 영양소를 에너지로 전환해 주는 필수 미네랄도 부족했기 때문이다.

비타민과 미네랄 부족에 대한 지적은 통계로 입증된 것이기에 맞는 말이지만, 영양소 불균형이 육식 때문에 발생했다는 발상은 동의하기 어렵다. 우리나라 성인의 육류 소비량은 OECD 평균 이하다. 같은 해 한국 성인이 섭취하는 영양 비율은 탄수화물 67%, 단백질 14%, 지방 17%였다. 압도적으로 탄수화물 비중이 높은 것이다.

지방은 체내 호르몬을 생성하고 비타민D를 만들어 낸다. 콜레스테롤은 지방에서 생성되고 호르몬 분비에 관여하기 때문이다. 영양불균형의 핵심은 지방 섭취가 아닌, 탄수화물 과잉으로 인한 단백질과 지방의 부족이다. 물론 지나친 육식으로 인한 비만 인구도 있지만, 이들의 비중은 현재 폭증하고 있는 탄수화물(당) 중독에 의한 비만 인구에 비하면 매우 미미한 수준이다.

정제 탄수화물로 인한 당 중독의 위험성은 이미 수십 년 전부터 임상을 통해 경고되었음에도 한국에선 여전히 정제 탄수화물 중심의 식단을 '균형 잡힌 식단'으로 권고하고 있다. 다음은 한국영양학회와 보건복지부가 국민에게 권고하는 균형 잡힌 영양 식단의 사례다. 저활동을 하는 30대 성인 여성을 기준으로 1,900㎉를 채우기 위해 탄수화물 55.3%, 단백질 19.2%, 지방 25.5%로 구성된 식단을 권하고 있다.

아침: 쌀밥(210g), 돼지고기, 브로콜리볶음, 미역줄기나물, 깍두기

점심: 열무비빔국수, 삶은 달걀, 채소튀김, 동치미, 오렌지

저녁: 잡곡밥(210g), 대구탕, 두부조림, 숙주나물, 배추김치

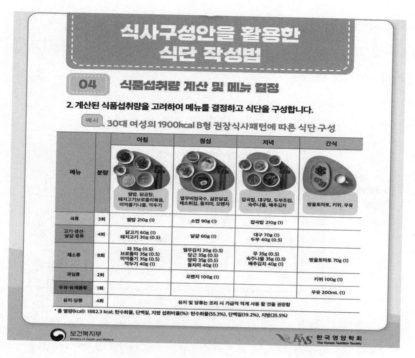

보건복지부 · 한국영양학회의 권장 식단

저활동 여성을 기준으로 했기에 이 정도이지, 고활동 여성을 기준으로 했다면 거의 폭식 수준의 식단을 권고했을 것이 분명하다. 이 식단은 여전히 칼로리 중심의 계산법을 버리지 못하고 있으며, 탄수화물 55~60%가 정상적일 것이라는 통념에 기반하고 있다. 무엇보다 점심 식단은 그야말로 옛날 기준을 적용하고 있다. 비빔국수와 오렌지 모두 혈당을 매우 가파르게 올리는데, 여기에 더해 채소튀김을 권한다. 볶음과 튀김, 탕에는 조미료와 식물성 기름이 많이 들어간다. 보기에는 그럴듯해 보여도 실제로는 대사 장애를 부르거나 탄수화물 욕구를 더 끌

어울리는 식단이다.

다음 그래프에서 보듯 탄수화물은 혈당과 인슐린을 급격히 올리고 급격히 떨어뜨린다.

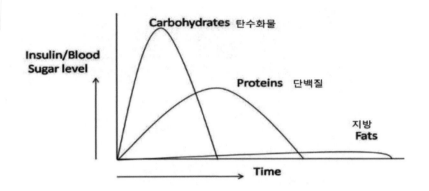

도표에서 보듯 지방 섭취가 인슐린 분비와 혈당을 가장 안정화시킨다. 탄수화물보다 높은 상승을 끌어내는 것은 설탕과 액상과당이다.

탄수화물 · 단백질 · 지방 섭취와 인슐린 · 혈당의 상관관계

많은 탄수화물이 짧은 시간 급격하게 유입되었을 때 우리 몸은 '혈당 스파이크'와 '혈당 크래시'라는 극단적인 변화를 순차적으로 겪게 된다. 혈당 스파이크(blood sugar spike)가 급격한 혈당 상승을 뜻한다면, 혈당 크래시(blood sugar crash)는 짧은 시간 내에 포도당을 처리하기 위해 과분비된 인슐린으로 인해 혈당이 급격히 떨어지는 것을 말한다.

췌장에서 인슐린이 분비되는 메커니즘은 기계처럼 정확하지 않다. 즉 몸에 들어온 포도당을 처리하기 위한 적절량만 분비되지 않는다. 탄수화물이 많은 식단의 경우 인슐린은 통상 과분비된다. 포도당의 분해에 사용되지 못한 잔여 인슐린은 활동에 필요한 에너지까지 분해한다. 결국 혈당은 공복 혈당 이하로까지 떨어지는데, 이것이 혈당 크래시다.

뇌는 이를 포도당 부족으로 인식해서 탄수화물과 당에 대한 섭취 욕구를 높인다. 인슐린 작용으로 인해 뇌가 포도당 부족을 에너지 부족으로 느끼거나 인슐린 과분비로 인해 포도당이 모두 지방으로 축적되어 실제로 사용할 에너지가 없어진 상태가 이어진다. 그런데 이 상태는 몸이 사용할 수 있는 에너지가 없다는 뜻이 아니다. 뇌가 지방분해를 통해 에너지를 얻기보다 손쉬운 방법인 포도당 분해를 통한 에너지를 원하고 있는 상황일 뿐이다. 왜냐면 그게 더 쉽고 빠르기 때문이다.

이렇게 우리 뇌는 만족감을 얻기 위해 다시 탄수화물을 원하게 된다. 이 과정이 반복되면 탄수화물 중독, 정확히는 당질 중독에 빠지게 된다. 한국영향학회에서 제시한 식단이 해법이 되기는 어려워 보인다. 사람의 체질에 따라 달라지지만 몸을 가볍게 하고 혈액 청소와 대사 순환에 가장 좋은 식단은 탄수화물 40%, 나머지를 단백질과 지방으로 채우는 것이다.

정제 탄수화물의 과잉 섭취는 당류와 함께 사람의 대사를 망치는 주범이기도 하다. 비만의 원인은 칼로리 과잉이라기보다는 인슐린 저항성에 더 큰 원인이 있다. 인슐린의 역할은 크게 세포에 혈관 속 혈당을 주입하고, 단백질을 근육으로 합성하며, 식이지방을 체지방 안에 흡수시키는 것이다. 그런데 인슐린 저항성이 생기면 혈당이 세포로 들어가지 못해 체지방으로 축적된다. 혈액 속 인슐린이 지속적으로 높은 상태가 되면 체지방 분해 역시 이루어지지 않는다.

문제는 여기서 그치지 않는다. 인슐린 저항성이 지속되면 식욕을 참을 수 없게 된다. 혈액 속 당질이 원래 세포 속으로 들어가 에너지로 쓰여야 하는데, 막상 세포가 사용할 수 있는 에너지원이 차단된 상태가 지속되는 것이다. 이때 뇌는 음식을 먹으라고 명령하는 신호를 보낸다. 그것도 빨리 당으로 전환할 수 있는 단당이나 탄수화물에 대한 욕구를 더욱 강렬하게 만든다.

혈액 속에 가득한 혈당을 처리하지 못한 간은 즉각적으로 이 당을 바로 지방으로 만들어 간에 저장한다. 이것이 바로 지방간이다. 인슐린의 과도한, 반복적 생산으로 췌장의 기능이 떨어지면 대사 순환이 망가지고 비만은 더욱 심해진다. 지방간 증세가 심해지면 지방 분해를 하지 못하게 되고 간염까지 올 수 있다. 바로 이것이 인슐린 저항성이 주는 비만의 악순환이다.

만약 수면장애로 인해 숙면을 취하지 못한다면 인슐린 저항성은 더욱 심화된다. 자지 못한 상태에서 뇌는 계속 혈당을 높게 유지하려 하고, 스트레스 호르몬을 분비해 단당류 음식에 대한 욕구를 키우기 때문이다. 그나마 쌀은 복합당이지만 설탕, 당과류, 과일 주스, 시럽, 음료수와 같은 당은 단순당으로 기수분해되지 않고 바로 당으로 작용해 인슐린을 폭증시키고 혈당도 높인다.

그보다 본질적인 문제는 단당을 섭취할 경우 간은 이내 지방으로 합성해 지방간을 만들고 복부에도 역시 이 단당류 등은 지방으로 축적된다는 사실이다. 이로 인해 아래와 같은 악순환의 사이클이 형성된다.

탄수화물과 단당의 과잉 섭취 → 인슐린 폭증과 혈당 스파이
크 → 인슐린 저항성 → 혈당 급락으로 인한 단당과 탄수화물
섭취 → 지방간과 비만 → 인슐린 저항성

확산되는 비알코올성 지방간

우리나라 성인 10명 중 3명이 현재 비알코올성 지방간 유병자다. 비
알코올성 지방간 환자 중 30대 여성의 비율이 폭증하고 있다. 30대 여
성의 비알코올성 지방간이 특히 위험한 이유는 임신 초음파 진단을 위
해 찾은 병원에서 진단받은 경우가 많기 때문이다. 임신 기간에 지방간
치료를 동반하는 것은 환자에게 큰 압박으로 다가온다. 또한 비만 아
동과 청소년의 지방간 유병률은 40%에 육박하고 있다. 앞서 설명했듯
2035년에는 국민 중 43.8%가 비알코올성 지방간 유병자가 될 것으로
추정된다.

지방간을 대수롭지 않게 보는 경우가 많은데, 지방간은 몸 전체에 염
증을 일으켜 당뇨·고혈압·심근경색·뇌졸중을 직접적으로 유발한다.
또한 간염과 간경화를 거쳐 간암으로 발전할 수 있는 유력한 병이다.
비알코올성 지방간 환자의 뇌졸중 위험도는 그렇지 않은 사람에 비해
64% 높고, 사망 위험도 역시 34%나 높다. 심근경색 위험도는 2배, 지
방간으로 당뇨가 발생할 확률은 70%다. 비알코올성 지방간은 식단 또
는 유전적 요인에 의해 발생한다.

거위의 간 요리인 푸아그라를 만들기 위해 업자들은 거위 주둥이에 깔때기를 강제로 넣고 미세하게 갈아 버린 옥수수 용액을 먹인다. 이렇게 길러진 거위의 간에는 약 44%의 지방이 자리 잡게 된다. 푸아그라는 결국 지방간 요리인 셈이다. 정제 탄수화물 또는 과당의 섭취가 지방간의 직접적인 요인이라는 사실을 가장 직관적으로 보여 주는 예다.

연구에 따르면 탄수화물 과잉 섭취 시 3주 만에 총지방량, 신생지방 합성 역시 27% 증가한다. 술로 인한 지방간이 아니기에 대수롭지 않게 보는 사람도 있다. 하지만 술과 과당, 탄수화물이 간에서 처리되는 방식은 동일하다. 수용 범위 밖의 것들은 모두 지방으로 축적되고 그것도 부족해지면, 간에 지방으로 축적한다. 원래 간은 지방을 축적하라고 있는 기관이 아니다. 지방을 분해하는 핵심적인 기능이 간인데, 간에 지방이 끼면 인슐린과 지방 분해 모두 정상적으로 작동하지 않는다.

술과 과당, 탄수화물 모두 중독성이 있다는 점에서도 유사하다. 유일한 차이점이 있다면 심한 알코올 중독자는 노동을 할 수 없지만, 과당과 탄수화물 중독자는 근로할 수 있다는 점이다. 국가가 유독 당과 정제 탄수화물에 관대한 이유 중 하나다.

다행스러운 점은 지방간을 약이 아닌 식이요법을 통해 충분히 고칠 수 있다는 사실이다. 다음은 유럽 최고의 간학회인 ESAL(유럽 간 연구협회)의 기관지 JHEF에 실린 논문의 일부다. 연구진은 지방간 환자에게 각기 다른 식이요법을 실시했다. A그룹은 일반식을, B그룹은 주 2일은 하루 600kcal만 섭취하는 칼로리 제한 간헐적 단식을, C그룹에겐 칼로리 제한 없는 저탄고지(저탄수화물 고지방) 식단을 제공했다.[1] 그 결과, 저탄고지 식단(LCHF)을 실천한 그룹의 지방간 감소 비율이 가장 높았다. 그리고 그 감소 폭 또한 놀라웠다.

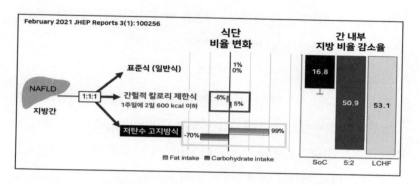

식단 변화에 따른 지방간 감소 비율

또 다른 연구에선 비만 청소년을 2그룹으로 나눠 지방 제한식(FRD)과 탄수화물 제한식(CRD)을 제공했다. 그 결과 지방 제한식 그룹에선 체중과 지방의 변화가 거의 없었던 반면, 탄수화물 제한식을 실천한 그룹의 체중은 평균 3.0㎏ 빠졌다. 감량된 체중 중 지방이 2.5㎏이었다. 여기서 간 지방량은 6% 감소했다.

유럽 최고의 간 학회에서도 지방간에 대한 초기 치료는 약 처방을 약

1　Magnus Holmer · Catarina Lindqvist 외. 『Treatment of NAFLD with intermittent calorie restriction or low-carb high-fat diet - a randomised controlled tria』. JHEF REPORTS(3). 2021. 2.

처방을 하기 전에 5:2(7일 중 2일은 칼로리 제한 단식) 간헐적 단식이나 저탄고지 식이요법으로 할 것을 권고하고 있다. 특히 연구진은 간헐적 단식과 저탄고지 요법이 우려와는 달리 간을 상하게 하지 않았고 오히려 지방간을 감소시켰으며, 특히 간헐적 단식의 경우 일반인에게 적용하기 매우 좋다는 결론을 내렸다. 지방을 먹으면 지방간 생긴다는 낡은 통념이 얼마나 어리석은 것인지를 증명하는 자료이기도 하다.

문제는 명백해 보인다. 바로 탄수화물과 당질(糖質)이 대사를 망쳐 인슐린 저항성과 비만과 지방간을 만드는 주범이라는 점이다. 그럼 탄수화물과 당을 줄이면 될까? 그렇다. 과당과 탄수화물 비중을 결정적으로 줄이고 대신 건강한 단백질과 지방의 비중을 늘리는 것이 좋다. 이 과정에서 운동을 병행하거나 간헐적 단식을 할 수 있다면 더욱 좋다.

물론 지방이라고 다 좋은 것이 아니다. 한국인의 최애 메뉴, 삼겹살과 숯불구이, 불판 요리 등은 모두 고기의 기름을 태워 조리하며 풍미를 돋운다. 다만 태운 고기는 발암물질을 생성하고 기름 역시 오래 태울 경우 나쁜 지방산을 증가시킨다. 삼겹살보다는 수육이 좋은 이유다. 또 대부분 육우가 대두를 먹고 성장했다는 점 역시 무시하기 어렵다. 사료용 콩과 콩에 들어간 농약 성분까지 생각하면, 목초 고기가 아닌 이상 좋은 지방이라고 보기 어렵다.

이런 제한성이 있음에도 불구하고, 탄수화물을 40% 수준으로 낮추고 빈 공간을 착한 지방과 단백질로 채우는 것은 건강에 더 좋다.

당신의 다이어트가 실패하는 이유

　당과 탄수화물을 줄이겠다고 결심하지만 생각처럼 쉽지 않다. 왜냐면 당질에는 치명적인 중독성이 있고, 당질과 도파민에 중독된 뇌는 교묘하게 몸을 괴롭히기 때문이다. 탄수화물과 당질 섭취를 줄이며 다이어트를 해 본 사람은 잘 알 것이다. 처음 몇 달간은 체중이 순조롭게 빠진다. 하지만 어느 순간 정체기가 온다.

　제한식을 유지했음에도 살이 빠지지 않는 이유는 뇌의 작용 때문이다. 당에 중독된 뇌가 당질 공급이 줄어들자, 이를 심각한 위기로 판단해 갑상샘 호르몬 분비를 억제하면서 기초대사를 떨어뜨리기 때문이다. 즉, 몸의 에너지 사용을 극도로 억제하는 방법으로 살이 더 빠지지 않게 만든다. 이때 뇌는 호르몬을 통해 끊임없이 당류를 섭취하라고 명령한다. 기초대사량, 즉 사람이 숨을 쉬고 생존하면서 사용하는 에너지 총량을 떨어뜨리면 대사가 정체되고 체중도 더는 빠지지 않는다.

　연구 결과에 의하면 체중이 10㎏ 빠졌을 때 기초대사량도 줄어서 에너지 소모량은 15% 감소한다. 이는 매일 2,500㎉를 섭취하는 사람을 기준으로 매일 365㎉만큼 에너지를 덜 쓴다는 뜻이다. 노력해도 체중이 빠지지 않으면 낭패감과 욕구불만 등으로 인해 의욕이 떨어지고 다시 예전의 식단으로 돌아가려 한다. 요요현상은 이때 일어난다.

1995년 매사추세츠 메디컬 소사이어티 연구진은 이 요요현상에 대해 연구했다. 연구진은 체중 감량에 따른 기초대사량의 저하로 인한 정체기를 주목했다. 감량에 적응하지 못한 뇌는 이를 신체 생존의 위기로 판단해서 체중을 유지하기 위해 대사량을 하락시킨다는 내용이다. 이것이 바로 대사보상이다. 잃었던 체중을 얻기 위해 대사를 극단적으로 변화시킨다는 뜻이다.

> "체중 감량은 건강하다고 생각되지만, 일부 비만인 사람들이 감량할 때 대사적 변화가 일어나고, 그런 대사적 변화는 감량된 체중을 유지하지 못하게 만든다. 알려진 비만에 대한 처방들은 감량된 체중을 안정적으로 유지시키지 못한다. 그것은 아마도 바뀐 체중 유지를 어렵게 만드는 대사보상 프로세스(대사 적응) 문제 때문일 것이다."[1]

연구에 따르면 고도비만의 경우 요요 없는 다이어트 성공률은 0.5%에 지나지 않는다고 한다. 다이어트 캠프에 들어가 3달 동안 무려 35kg을 감량했던 이들이 집에 돌아와 기존보다 훨씬 빠른 속도로 그 이상 증

---

1   Rudolph L Leibel · Michael Rosenbaum · Jules Hirsch. 『Changes in Energy Expenditure Resulting from Altered Body Weight』. The New England Journal of Medicine. vol 332. March 9, 1995.

량되는 경우가 대부분이다. 기존의 다이어트 전문가들 역시 이 문제를 알고 있다. 그들이 내놓은 해법은 중단 없는 운동과 계단식 감량 프로그램이다. 하지만 식단 조절만큼 어려운 것이 바로 매일 운동하는 것이다. 이것이 가능했다면 비만에 이르지 않았을 것이 분명하다.

1995년 이후 매년 비슷한 내용의 연구논문이 게재되고 있음에도 한국의 다이어트 전도사들은 매번 같은 종류의 다이어트 트레이닝을 권고하고 있다. 내용은 천편일률적으로 '칼로리 제한과 운동'에 맞춰져 있다. 다만 과거와 달라진 점이 있다면 체중 감량의 폭과 속도를 완만하게 가져간다는 점이다. 즉, 장기적 목표에 따라 계단식 감량을 추천하고 있다는 점은 다행스럽다.

다음은 한 다이어트 트레이너가 요요를 방지하기 위해 권한 매뉴얼 중 한 대목이다.

요요 예방의 핵심은 에너지 소모와 체지방 연소를 늘리는 것이다. 폭식하기보단 건강한 식단으로 식사량을 조금씩 늘려 나가고, 유산소 운동과 근력운동을 병행하는 게 좋다. 실제로 운동으로 근육이 생기고 기초대사량이 높아지면 같은 양을 섭취해도 이전보다 지방으로 축적되는 영양소의 비중이 줄어든다. 유산소 운동 80%, 근력 운동 20% 비율로 하루 30분 이상 주 5일 이상할 것을 권장한다.

이 권고대로 실천할 수 있다면 분명 좋은 결과를 보일 것이다. 하지만 말처럼 쉬운 일이 아니다. 왜냐면 식단 변화와 감량에 대해 우리 몸이 대처하는 중대한 두 가지 작용이 있기 때문이다. 하나는 대사보상 시기엔 동일한 식단을 유지해도 살이 찐다는 사실이다. 체중이 감량된 상황에서 뇌가 기초대사량을 줄여 버리기 때문이다.

다음으로 '감정적 식사(emotional eating)'의 문제다. '항상적 식욕'이 활동과 생존을 위해 식사하는 것이라면, '감정적 식사'란 혹독한 트레이닝 또는 절식, 스트레스 등으로 인한 보상 욕구에 따른 식사다. 외롭거나 심한 스트레스 또는 소망했던 일이 실패했을 때의 좌절감을 다스리기 위한 것으로 주로 폭식으로 이어지기 쉽다. 이때 참았던 식욕은 주로 뇌에서 도파민이 쉽게 분비되는 자극적인 가공식품으로 향한다.

물론 운동과 열량 제한을 통한 다이어트의 성공 확률이 높다면 좋을 것이다. 통상 운동 80% 식단 20%가 감량의 성패를 좌우한다고들 한다. 하지만 중독된 뇌와 감량에 적응하려는 대사보상을 그저 운동으로 극복하는 것은 말처럼 쉽지 않다. 셀 수 없이 많은 다이어트 실패담이 이를 증명하고 있다. 앞 장에서 언급했던 〈The Biggest Loser〉가 끝나고 6년 후 14명의 조사 참여자는 쇼가 끝난 직후의 기초대사량에 비해 449㎉나 떨어졌다. 기초대사량의 하락은 다이어트가 끝난 6년 후까지 이어졌다. 참가자들은 하나같이 다이어트 이전보다 확실히 적게 먹어도 살이 붙어 '대사 장애'를 겪고 있다고 토로했다.

여기에서 우리는 문제의 본질을 봐야 한다.

"다이어트 뒤에 찾아오는 요요 증상의 문제는 칼로리로 인해
체중이 다시 증가하는 문제인가 아니면 대사보상의 문제인가?"

대사보상의 문제다. 이미 굳어 버린 대사 시스템이 바뀐 칼로리와 식단에 저항하는 것이다. 길들여진 몸은 늘 혁신에 거칠게 저항한다. 원인이 대사에 있다면 우리는 감량이 아니라 대사기능의 회복에 그 초점을 맞춰야 한다. 다시 말하자면 다이어트의 본질적 목적이 체중 감량이 아닌 대사 회복에 있어야 한다는 것이다. 체중 감량은 대사 회복 프로그램을 수행하는 과정에서 자연히 동반되는 이익이다. 또한 건강의 문제는 체중 그 자체가 아니다. 체지방률이 문제라는 점도 명백히 해야 한다.

대사 장애 문제는 인슐린 저항성이나 렙틴(leptin) 저항성에 주목해야 한다. 렙틴은 체지방에서 분비되어 뇌에 작용하는데, 식욕을 억제하고 에너지를 태운다. 지방 함량이 적으면 생산되지 않지만, 체지방 비율이 높을 경우 렙틴은 인슐린과 같이 생성된다. 이 과정이 반복되면 인슐린 저항성과 마찬가지로 렙틴 저항성이 생긴다. 즉, 식욕 조절이 어려워지고 대사량을 조절하지 못한다.

따라서 대사질환의 치유를 목적으로 한다면 우선 칼로리를 유지하면서 탄수화물을 줄이고 좋은 지방의 비율을 높이는 방식으로 포만감을 얻는 것이 좋다. 그리고 몸에 축적된 지방을 분해할 수 있는 육체적 여건을 만들기 위해 간헐적 단식이나 시간제한 섭취, 과당과 식물성 기름의 섭취 중단 등의 요법을 실행하는 것이 좋다. 다행스러운 것은 탄수화물과 당류, 가공식품을 줄이고 소화가 잘되는 단백질과 지방의 양을 늘리는 식단을 유지했을 때, 일반적으로 대사보상의 기간이 길지 않다는 점이다.

대사보상의 시기 비타민과 미네랄, 아연 등의 물질이 부족해지면, 뇌는 이를 보충하기 위해 식욕을 더욱 폭발시킨다. 그런데 목초 육류와 생선에는 지용성 비타민 A · D · E · K가 풍부하다. 지용성은 물에 쉽게 분해되지 않고 체내 지속 시간이 길어 식욕을 통제하기 수월하다. 감량 정체기 최선의 선택은 감량을 위한 식단을 유지하면서 몸을 새로운 환경에 길들이는 것이다. 이 과정은 뇌가 새로운 대사에 적응하고 대사 문제를 극복하는 과정이기도 하다.

　　과당과 오메가6가 많은 식물성 기름의 섭취를 금하는 것만으로도 효과를 볼 수 있다. 특히 과당의 경우 단 2주만 섭취를 중단해도 몸이 바로 반응한다. 몸은 비로소 감량과 정체 사이클을 반복하며 적응한다. 대사가 회복되는 과정이 곧 감량하는 과정이 된다. 그리고 비만이나 대사 장애 기간이 길었다면 대사의 회복 과정도 길어진다. 적응과 반동이 반복되는 것이다. 회복 과정을 몇 달 내에 해내겠다는 비현실적 목표가 아닌 1년 이상의 장기적인 프로그램을 세워 실천하는 것이 좋다.

단맛의 저주

치킨집에서 한 사내가 초 등학생으로 보이는 자녀에 게 소주를 권하는 모습을 본다면 어떨까? 당신은 아 마도 112에 전화해서 아동 학대 혐의로 신고할지도 모 른다. 그런데 만약 무더운

여름 아이 엄마가 6살 정도로 보이는 아이에게 크림 위에 초콜릿 쿠키 가 잔뜩 얹힌 프라페를 권한다면? 당신은 자신의 유년 시절을 떠올리며 "저 나이가 단 걸 좋아할 때지."라며 무심하게 넘어갈 것이다.

하지만 알코올과 액상과당이 체내에서 처리되는 과정은 동일하다. 모 두 간 문맥을 통해 간으로 들어가 간단한 분해 과정을 거쳐 포도당으 로 전환돼 지방과 염증으로 저장된다. 이 과정에서 인슐린 수치가 급격 히 높아지며, 처리하지 못한 당은 지방간 등으로 축적된다. 전후 세대 가 어렸을 때 단 것은 매우 귀해서 걱정하지 않아도 될 정도였다. 설탕

을 녹여서 만든 캔디류가 대부분이었다. 지금 세대는 액상과당에 지방을 합성한 독을 마시고 있다.

1960년대 정제 기술의 발달로 옥수수에서 추출한 고과당 옥수수시럽(HFCS: high fructose corn syrup)이 등장했는데, 당시 이 기술은 설탕을 대체할 수 있는 신기술로 인정받았다. 당시에는 콩이나 옥수수와 같은 식물에서 추출했다는 사실만으로도 건강하다는 인식이 있었다. 이후 미국을 포함한 전 세계에 이 액상과당이 상용화되었고 설탕을 순식간에 대체했다.

사람들이 지방과 콜레스테롤을 주목하는 사이, 액상과당은 마트와 편의점의 음료수 진열대를 점령했다. 물을 제외하곤 액상과당이 섞이지 않은 음료를 찾기 어려울 정도다. 미국은 이 액상과당으로 인한 피해를 가장 크게 입은 국가다. 미국인은 1820년대에 비해 하루 평균 17배가량의 설탕을 먹고 있으며(2005년 기준), 비만과 심장병 유병자 또한 이 성

U.S. Commerce Service 1822-1910, combined with Economic Research Service, USDA 1910-2010

1822~2005년 미국인 하루 설탕 섭취량 (출처: ERS 자료)

장곡선과 유사한 형태로 폭증하고 있다.

옥수수 정제 시럽 등을 생산하는 설탕업계가 과당과 심장병의 연관성을 무시하고 포화 지방을 그 범인으로 홍보하도록 로비했다는 사실은 여러 차례 폭로된 바 있다. 그들은 설탕의 무해성을 상정하고 연구하는 과학자를 후원하거나, 농림부와 보건부에 영향력을 행사했다. 설탕 소비에 유리한 식품 정책을 수립하도록 한 것이다. 다음은 2014년 「뉴욕타임스」에 게재된 관련 기사의 일부이다.

설탕 산업이 비만의 책임을 지방에게 전가한 이유

설탕업계가 1960년대 과학자들에게 설탕과 심장병 사이의 연관성을 무시하고 대신 포화 지방을 범인으로 홍보하도록 비용을 지불했다는 사실이 새로운 문서로 확인되었다. 최근 샌프란시스코 캘리포니아 대학교 연구원이 발견하고 월요일 JAMA 내과학(JAMA Internal Medicine)에 게재된 설탕 산업 내부 문서에 따르면, 오늘날의 많은 식이 권장 사항을 포함하여 영양과 심장질환의 역할에 대한 50년간의 연구가 제안되었고 그 결과가 설탕 산업에 의해 조장되었을 수 있다.

U.C.S.F의 의학교수인 Stanton Glantz는 "그들은 수십 년 동안 설탕에 관한 논의를 방해할 수 있었다."라고 밝혔다. 그는 JAMA 내과학 논문의 저자이다. 문서에 따르면 오늘날 설탕 협

회로 알려진 설탕 연구 재단(Sugar Research Foundation)이라는 무역 단체가 설탕, 지방 및 심장병에 대한 연구에 대한 1967년 리뷰를 출판하기 위해 세 명의 하버드 과학자에게 오늘날 가치로 약 5만 달러에 해당하는 금액을 지불했다는 사실이 나와 있다. 리뷰에 사용된 연구는 설탕 그룹이 직접 선택한 것이며, 권위 있는 뉴잉글랜드 의학 저널(New England Journal of Medicine)에 게재된 기사는 **설탕과 심장 건강 사이의 연관성을 최소화하고 포화 지방의 역할에 대한 비난을 퍼부었다.** 문서에 드러난 영향력 행사는 거의 50년 전으로 거슬러 올라가지만, 최근 보고서에 따르면 식품 산업은 계속해서 영양학에 영향을 미치고 있다.

작년에 뉴욕타임스(The New York Times)의 한 기사에서는 세계 최대의 설탕 음료 생산업체인 코카콜라가 설탕 음료와 비만 사이의 연관성을 무시하려는 연구자들에게 수백만 달러의 자금을 제공했다고 밝혔다. **지난 6월, AP통신은 사탕 제조업체들이 사탕을 먹는 어린이들이 그렇지 않은 어린이들보다 체중이 덜 나가는 경향이 있다는 연구에 자금을 지원하고 있다고 보도했다.** … 설탕업계에서 급여를 받은 과학자 중 한 명인 D. Mark Hegsted 는 나중에 미국 농무부의 영양 책임자가 되어 1977년에 연방 정부의 식이지침의 초안 작성을 도왔다. 또 다른 사람은 하버드 영양학과장인 Dr. Fredrick J. Stare였다.[1]

---

1 "How the Sugar Industry Shifted Blame to Fat Sept". The New York Times. sept. 12, 2016.

설탕업계는 비만과 심혈관 질환의 원인을 모조리 '포화지방'에 뒤집어씌웠다. 액상과당을 만드는 설탕업계나 제과업계는 설탕이 비만을 촉진시키지 않는다는 것을 증명하기 위해 매해 미국의 비만 인구와 설탕 사용량 데이터를 근거로 반박해 왔다. 실제로 당해 비만 인구의 증가와 설탕 소비량 사이에는 크게 연관성이 없는 것처럼 보였기 때문이다.

하지만 이 주장을 탄핵한 것은 2020년 테네시대학 연구진이었다. 그들은 지난 46년간 위스콘신주의 75개 연령별 데이터와 설탕 소비량, 비만 인구의 증가 추이를 조사했는데, 기존의 연구와 같이 한 해를 기준으로만 살핀 것이 아니라 당해 설탕 소비량이 이듬해 비만과 어떤 연관이 있는지를 살폈다. 그리고 예측 모델을 만들어 추적한 결과, 설탕 소

2016년 「가디언」의 폭로 기사 "설탕 음모"

비는 비만과 정확한 인과관계를 보였다.[2]

2016년 「가디언」은 "The sugar conspiracy(설탕 음모)"라는 제하의 장
문의 기사를 실었다.

1980년에 미국의 최고 영양과학자 일부와 오랜 협의 끝에 미
국 정부는 첫 번째 식생활 지침을 발표했다. 이 지침은 수억 명
의 사람들의 식단을 형성했다. 의사들은 이를 바탕으로 조언을
하고, 식품 회사는 이를 준수하는 제품을 개발했다. 그들의 영
향력은 미국을 넘어 확장되었다. 1983년에 영국 정부는 미국
의 사례를 따라 식품 정책 권고안을 마련했다. 두 정부의 가장
눈에 띄는 권고 사항은 포화지방과 콜레스테롤을 줄이는 것이
었다(대중이 모든 것을 충분히 섭취하기보다는 적게 섭취하라
고 권고한 것은 그때가 처음이었다). 소비자는 충실히 순종했
다. 스테이크와 소시지를 파스타와 밥으로, 버터를 마가린과 식
물성 기름으로, 계란을 뮤즐리로, 우유를 저지방 우유나 오렌지
주스로 대체했다. 하지만 우리는 건강해지기는커녕 점점 더 뚱
뚱해지고 병들었다.

전후 비만율 그래프를 보면 1980년 이후 뭔가 변화가 있다
는 것이 분명해진다. 미국에서는 선이 매우 점진적으로 상승하

---

2   『U. S. obesity as delayed effect of excess sugar』. Anthropology Department,
     University of Tennessee. 2020.

다가 1980년대 초에 비행기처럼 이륙했다. 1950년에는 미국인의 12%만이 비만이었고, 1980년에는 15%, 2000년에는 35%였다. 영국에서는 1980년대 중반까지 수십 년 동안 직선이었으며, 1980년대 중반에는 하늘을 향해 치솟았다. 1980년에는 영국인의 6%만이 비만이었다. 그 후 20년 동안 그 수치는 3배 이상 증가했다. 오늘날 영국인의 3분의 2가 비만이거나 과체중이어서 영국은 EU에서 가장 뚱뚱한 나라가 되었다. 비만과 밀접한 관련이 있는 제2형 당뇨병은 양국 모두에서 동시에 증가했다.[3]

미국인은 현재 1일 115g의 설탕을 먹는데, 이는 한국인 섭취량의 3배가 넘는 수치다. 한국인에겐 그나마 다행이라고 할 수도 있지만 추세를 보면 안심하기 어렵다. 한국인의 식단이 서구화되고 있기 때문이다.

액상과당은 그 실체에 비해 위험성이 과소평가되어 왔다. 50년 전에는 당분이 귀했고 부모가 적극적으로 개입하지 않아도 캔디와 음료를 섭취하는 일은 매우 드물었다. 하지만 지금 청소년들은 거의 제한 없이 과당을 섭취할 수 있다. 술을 사려면 신분증 검사가 필요하지만, 카페나 편의점에서 과당이 잔뜩 들어간 음료를 구입하는 일엔 신분증 따위가 필요 없다.

편의점 아이스티 500㎖에 당류 25g이 들어 있고, 포카리스웨트 500

---

3 "The sugar conspiracy". The Guardian. 7. Apr. 2016.

대형마트 매대를 가득 채운 과당 첨가 음료수

㎖에 31g, 게토레이 600㎖에 33g의 당이 함유되어 있다. 브레드 카
페에서 내놓은 작은 케이크 하나엔 36g의 당이 들어 있다. 30g은 티
스푼으로 가득 담아서 14스푼이다. 아직도 식지 않은 젊은 세대의 탕
후루 사랑도 결코 가볍지 않다. 2016년 조사 결과로는 프랜차이즈 카
페 9곳에서 판매하는 79가지 빙수의 평균 당 함량은 87g이었다. 이 중
26.6%(21가지)는 당 함량이 100g을 초과했다.

얼마 전 틱톡(TikTok)에서 큰 반향을 일으킨 영상이 있다. 맥도날드
매니저라고 자신을 소개한 여성은 매장에서의 경험을 폭로했다.

"저는 맥도날드의 매니저였습니다. 차를 만들 때 '스위티
(sweet tea)'는 빨간색 통, '언스위티(un-sweet tea)'는 초록색 통

을 썼어요. 이 통의 용량은 4갤런(15ℓ)인데요, 빨간색 스위티 4
갤런마다 4파운드(1.8kg)의 설탕 포대가 통째로 들어갔어요. 차
1갤런마다 설탕 1파운드가 들어간 거예요. 네. 전 그걸 알고는
티를 마시지 않았습니다. 그건 끔찍하니까요."

이를 500㎖ 한 잔으로 환산하면 무려 60g의 설탕이다. 실제로 미국
맥도널드 본사가 공개한 '스위티' 제품의 당 함량은 473㎖ 기준 24g이
다. 매니저의 폭로가 과장된 것이라고 쳐도 24g은 티스푼 10개의 분량
이다. 이것을 마시면 우리 몸에선 설탕 쓰나미가 생긴다. 간이 감당할
수 없는 양이다.

정작 문제는 염증이다

운전을 오래 하거나 몸을 많이 쓰는 이들이 습관적으로 먹는 캔 커피
도 당 중독을 부른다. 박카스만큼이나 많이 팔려서 국민 캔 커피라고도
불렸던 '레쓰비 마일드' 겉면엔 상표만큼 크게 붙여 놓은 문구가 있다.
'175㎖ 55kcal'. 고작 이 정도 칼로리면 문제없을 것 같다. 제조기업 역
시 저칼로리에 초점을 맞춰 홍보하고 있다. 하지만 뒷면에는 탄수화물
12g, 당류 12g이라고 적혀 있다. 탄수화물과 당의 혼합물 24g이 몸에
들어왔을 때의 문제는 칼로리가 아니라 당 자체의 문제다.
과거 전문가들은 설탕이나 액상과당이 해로운 이유를 칼로리 밀도가
높고 영양분이 거의 없기 때문이라고 설명했다. 하지만 세월이 흘러 밝

혀진 사실은 당이 독소를 생성하고 혈관 내에 치명적인 염증을 유발하며 간을 망가뜨려 대사질환을 초래한다는 것이다. 감당할 수 없는 당질이 들어오면 간은 과당을 즉각적으로 지방으로 합성하거나 들어온 과당을 혈액으로 밀어낸다. 복부에 지방을 합성하는 것으로도 부족하면 간에 지방을 합성해서 저장한다.

완전히 새로운 물질의 유입으로 지방이 새로 만들어지는 과정을 '지방신생합성(DNL: De Novo Lipogenesis)'이라고 한다. 혈액 속에 가득한 지방과 포도당은 인슐린과 함께 혈관벽을 손상시키고 취약한 부분을 세차게 공격해서 상처를 내고 염증을 만든다. 심근경색과 같은 심혈관 질환의 가장 큰 원인이기도 하다. "당은 침묵의 살인자"라는 표현이 과장이 아니다. 이제는 미국과 마찬가지로 우리나라에서도 5살짜리 아이가 지방간 치료를 받고 청소년이 당뇨 때문에 고지혈증 약을 처방받는다.

햄버거와 감자튀김보다 위험한 것은 탄산음료였다

캘리포니아대학 데이비스 캠퍼스(UC Davis) 연구진은 패스트푸드와 비만과의 상관관계를 연구했다. 연구의 목적은 햄버거 메뉴의 구성물 중 무엇이 비만을 촉진하는가를 밝히는 것이었다. 햄버거, 감자튀김과 너겟, 케첩, 콜라 등의 탄산음료 중 무엇이 비만의 주요 요인인지를 확인하려 했다.

일반적으로 패스트푸드는 고기 패트 등의 높은 칼로리로 살을 찌운다는 것이 통념이다. 하지만 연구 결과 비만의 주범은 과당이 함유된 탄산음료였다. 여기서도 칼로리 가설은 여지없이 깨진다. 동일한 칼로리나 그보다 낮은 칼로리라 할지라도 그 성분이 무엇이냐가 중요하지, 칼로리는 중요 변수가 아니다.

단맛을 은폐하는 그 맛

각설탕 7개를 앉은 자리에서 다 먹으라고 하면 대부분의 사람은 달아서 못 먹겠다고 할 것이다. 하지만 콜라 한 캔은 쉽게 먹을 수 있다. 마찬가지로 각설탕 12개는 먹지 못하지만, 과당을 마가린과 같은 트랜스지방이나 밀가루에 섞어서 만든 빵을 먹으라고 하면 잘 먹는다. 심지어 별로 달지도 않다고 말한다.

1990년대에 미국에선 단맛을 느끼지 못하게 하는 요소에 대한 연구가 있었다. 결과는 지방과 당을 합성했을 때 사람들이 가장 무감각한 것으로 나왔다. 대표적인 식품이 바로 달지 않은 빵과 케이크였다. 누구도 돈가스가 단 음식이라고 생각하지 않지만 실제 돈가스 소스 400g에 포함된 당은 92g이다. 곁들여 나오는 샐러드에 뿌려진 소스 300g에 당은 40g이다. 그럼에도 사람들이 돈가스 소스나 샐러드 소스가 달다고 생각하지 않는 이유는 합성에 있다. 돈가스 소스 400g에 당은 104g의 탄수화물과 섞여 있고, 샐러드 소스 300g의 경우 27g의 포화지방과 섞여 있기 때문이다.

한국 음식은 짠맛을 단맛으로, 매운맛을 단맛으로 중화하는 특징이 있다. 2009년 한국인의 1일 나트륨 섭취량은 단연 세계 1위로 1일 4,878mg이었다. 하지만 나트륨이 고혈압의 주범이라는 각계의 홍보와 국민적 각성(!)에 의해 10년 후인 2018년엔 3,274mg까지 떨어졌다. 저염 식단이 유행하게 된 시점도 이때다.

2019년 세계고혈압연맹(WHL)은 한국 식약처의 노력을 치하하며 '나트륨 줄이기 우수상'을 시상한 바 있다. 그런데 나트륨이 고혈압을 유발한다는 주장은 거의 괴담 수준으로 과장되어 있는 반면, 당의 위험성은 축소되어 있다. 현재 세계보건기구의 하루 권장량인 나트륨 50g을 지키고 있는 나라는 아프리카 일부 지역을 제외하곤 한 나라도 없다. 현재 세계인 건강에 가장 직접적인 위협은 바로 당이다.

해외여행을 가면 미국과 유럽, 일본 음식이 매우 짜서 입맛에 안 맞았다는 한국인들이 많다. 그런데 그건 미각의 착각이다. 한국의 찌개와 볶음 요리엔 많은 소금이 들어가는데, 그 못지않게 집어넣는 것이 바로 설탕이다. 단맛으로 짠맛을 잡는 것이다.

유럽의 경우 소금이 주된 조미료이며 디저트를 제외하면 당을 극도로 제한하기에 한국인 입맛엔 그저 짜게 느껴질 뿐 실제 유럽과 일본 요리의 소금 사용량은 적은 편에 속한다. 문제는 이 짠맛을 잡기 위해 사용하는 당이다. 짠맛을 가리기 위해 사용하는 당류로 인해 많은 사람이 자기 입에 들어가는 것이 무엇인지도 모르고 먹는다. 1962년 국민 1인당 하루 평균 당류 섭취량이 4.8g이었던 것이 2013년에는 72.1g으로 급증했다.[1]

아이들은 떡볶이가 매운 음식이지 단 음식이라고 생각하지 않는다. 떡볶이 1인분에는 황설탕 2큰술 정도와 고추장, 고춧가루가 들어가는데, 고춧가루와 고추장의 매운맛으로 인해 단맛을 느끼지 못하기 때문이다. 무설탕 땅콩버터를 먹으면 달다고 느끼지만, 토마토케첩을 먹은 이들은 달다고 느끼지 않는다. 실제로 토마토케첩엔 상당량의 고과당이 함유되어 있다. 마늘의 당도(Brix)[2]가 수박이나 포도보다 단 30Brix/%라는 것을 아는 사람은 별로 없다. 마늘의 산과 염이 당도를

---

[1]　국민건강영양조사에 따르면 2018년을 기점으로 당 섭취량은 하루 58.9g로 떨어졌다. 다만 국민건강영양조사는 지난 시기 자신이 섭취한 음식에 대해 적는 설문 통계 기법이다. 매년 1주에 200~250명씩 조사하여 3년 동안 약 30,000명을 대상으로 한다. 설탕 소비량과는 다르다.

[2]　과일 100g당 함유된 과당. brix/%로 표기한다.

못 느끼게 만들기 때문이다. 이렇듯 사람의 혀는 여러 맛이 섞였을 때 개별 요소를 변별해서 느끼기 어렵다.

아이들 급식 메뉴로 자주 등장하는 오렌지 주스 역시 마찬가지다. 현재의 오렌지 한 개에는 과거 1980년대 생산된 오렌지의 영양소(비타민 C, 철분, 칼슘)에 비해 30% 미만만이 함유되어 있는 반면, 과당 수치 (Brix)는 매우 높다. 토양이 빈곤해졌고 종자 개량을 거쳐 단맛을 극단적으로 강화했기 때문이다. 지금 오렌지의 주성분은 과당이라고 해도 과언이 아니다. 소위 '블랙라벨'이라고 부르는 초고당도 과일이 유독 잘 팔리는 데, 과일 당도에 대한 사람들의 입맛이 과거에 비해 훨씬 상향되었기 때문이기도 하다.

한국인은 유독 당뇨에 취약하다

미국인에게 가장 심각한 건강 문제는 마약과 비만, 심장질환, 치매라면 한국인에게 가장 심각한 질병은 암과 치매, 당뇨와 심혈관질환 등이다. 당뇨병의 경우 국민 5명 중 1명이 앓고 있을 정도로 유병자의 수에서 압도적이다. 한국인의 당뇨병 발생 비율이 높은 이유를 분당서울대학교 연구진들은 췌장의 크기와 성분에서 찾았다.

한국인의 췌장을 서구인과 비교했을 때 췌장은 평균 12% 작았고, 췌장 내의 지방 함량은 23% 더 많았다. 결과적으로 인슐린 분비량이 서구인에 비해 36%나 적다는 말이다. 인슐린 분비량이 적다는 말은 혈액 내 포도당을 제시간에 처리하지 못하고 그 결과 췌장과 간이 쉬지 못해 인슐린 과잉 상태(인슐린 저항성)가 지속된다는 뜻이기도 하다. 애초에 서구인과 유사한 식단을 유지하면 필연적으로 당뇨에 걸릴 위험이 크다는 말이다.

"당뇨병은 비만인과 노령 인구에게서 발병한다."는 서구의 기존 연구 결과도 혼란을 주었다. 불과 20년 전만 해도 내과의들은 젊은이들의 피로감 호소에 만성피로증후군이나 음주로 인한 지방간, 수면장애 등을 의심하곤 했다. 왜냐면 의대에서 가르치는 교과서에 분명히 비만이 당뇨의 대표적인 원인이라고 적혀 있었기 때문이다. 하지만 마른 비만, 젊은 당뇨 환자는 가파르게 증가하고 있다.

20대 한국인 당뇨 유병자는 2017년에 비해 12%, 30대의 경우 6%가 증가했다. 고혈압 환자의 경우 2017년에 비해 29.2% 증가(2021년 기준)했다. 이들 중 상당수가 마른 당뇨 환자다. 많이 먹진 않지만, 음주나 탄수화물 중심의 식단, 운동 부족으로 복부와 간에만 지방이 축적되어 겉으로 보기엔 당뇨 환자로 인식되지 않기 때문이다. 여기에 더해 복부에 지방이 축적되지도 않는 마른 당뇨 환자의 비율이 날이 갈수록 늘고 있다.

당뇨병의 발병 곡선 또한 기이하다. 당뇨의 대표적인 증상인 공복혈당 상승의 경우 12년 정도는 매우 느슨한 형태로 완만하게 상승하다가 피곤함과 무력감, 저혈당과 같은 증상이 나타나면서부터 당뇨 판정 직전 2년간 급격하게 상승했는데, 이는 비선형적 그래프 형태로 'J 자' 형태의 상승을 보였다. 은밀한 침입자인 셈이다.

그래서 당뇨병을 발견했을 때는 이미 인슐린 저항성이 심각해진 경우

가 많다. 이 현상을 현실에 대입시켜 보면 현재 2형 당뇨 전 단계나 당
뇨 유병자로 분류되지 않은 인구 중 상당수가 잠재적 당뇨 환자라는 뜻
이기도 하다. 대사의 문제는 어느 한순간 찾아오는 것이 아니라 적어도
수년간의 생활 습관과 식단에서 온다는 것을 확인할 수 있다.

콜레스테롤 사기극

1953년 미국의 안셀 키즈 박사는 콜레스테롤과 포화지방이 비만과 심혈관 질환의 주범이라는 소위 '지질가설'을 발표했다. 육류와 달걀, 치즈, 버터와 같은 포화지방 식품 대신 곡류 탄수화물과 식물성 불포화지방을 섭취하라는 권고였다. 그의 연구는 미국 정부의 국책 연구과제 중 하나였다. 미국 정부는 1950년대부터 급증하기 시작한 자국민의 심장병, 뇌혈관질환의 원인을 규명하고자 했다. 이에 키즈 박사는 세계 22개국의 식단과 심장병 사망률을 분석해서 발표했다.

논문의 결론을 요약하면 포화지방 섭취가 콜레스테롤 총량을 증가시키고, 콜레스테롤은 심장병을 불러온다는 것이었다. 이 연구 발표에 미국의 식품업계는 물론 학계도 충격에 빠졌다. 이 결과대로라면 백 년 이상 유지해 왔던 미국인의 식단을 모두 바꿔야 한다는 것이었으니까. 미 하원도 이 연구 결과를 전폭적으로 수용해서 국민의 식단에서 콜레스테롤을 제거하는 정책 등을 시행한다.

안젤 키즈 박사는 1961년 「타임스」의 표지 모델로 선정되었다. 그는 이렇게 주장했다.

"미국인들은 지방을 너무 많이 섭취합니다. 고기, 우유, 버터, 아이스크림이 포함된 칼로리가 높은 미국 식단은 40%가 지방이고 그중 대부분은 교활한 포화지방이죠. 이는 혈중 콜레스테롤을 증가시키고 동맥을 손상시키며 관상동맥 질환을 유발합니다. 미국의 1위 살인자인 관상동맥병과 식이요법은 밀접한 관계입니다. 관상동맥병은 모든 심장 사망의 절반 이상을 차지하고 연간 50만 명의 미국인을 죽입니다."

1961년 안셀 키즈 박사(좌), 2014년 "버터를 먹어라. 그동안 과학자들은 버터가 비만의 적이라고 했다. 그들은 왜 틀렸는가?"(중). 1984년 표제 "콜레스테롤. 그리고 이제 더 나쁜 소식이…"(우)

타임스의 표지 변화

1955년 아이젠하워 대통령에게 심근경색이 발병했다. 대통령은 자신의 병을 정확히 알려 미국인의 식단에 변화를 주는 것이 좋겠다고 생각했다. 주치의인 폴 화이트는 원인을 특정할 수 없었지만 "미국인이 많이 먹는 지방이 문제가 되었을 수 있다."라고 공표했다. 이와 함께 안셀 키즈 등의 전문가들이 대통령이 죽을 뻔 한 이유는 육류와 같은 지방 섭취 때문이라고 주장했다. 미국심장협회 역시 이 지질가설을 지지했다. 미국을 비롯해 주요 선진국의 식단이 탄수화물과 당류 중심의 식단으로 바뀐 계기였다. 잼을 바른 토스트와 시리얼, 빵이 아침 식탁에 올랐다.

마침 1960년대는 미국의 옥수수와 대두 시장이 세계를 석권하고 있었다. 이때 개발된 정제기술은 대두유 · 카놀라유 · 해바라기씨유를 비롯한 경화유(에스테르화유 · 트랜스지방산)의 대량 생산으로 이어졌고, 미국 소비자는 이를 반겼다. 탄수화물과 옥수수로 만든 당, 대두로 만든 기름이 모두 식물성이니 건강할 것이라고 믿었고 많은 전문가들도 그렇게 소개했다. 당시 미국인들은 식물에서 추출한 것은 건강한 것이라고 생각했다. 정제 밀(백밀)로 만든 빵과 옥수수 시럽이 건강을 해칠 것으론 생각하지 않았다. 채식주의자들 역시 그렇게 믿고 있었다.

미국이 최초로 식물의 씨앗(면화씨)에서 다량의 기름을 추출하는 데 성공했던 시기가 1867년이다. 1911년 P&G사는 최초의 트랜스지방인 크리스코를 출시했다. 건강을 위해선 손톱만큼도 먹으면 안 되는 물질이다. 기름에 열을 가해 니켈과 수소를 첨가하는데, 이때 함께 생성되는 부산물이 트랜스지방산이다. 50개 이상의 불안정한 비정상 물질로, 신경세포와 혈관조직을 상하게 한다. 비싼 라드를 대체하기 위해 만든 것이다.

이후 핵산을 이용해 대두, 옥수수, 카놀라, 면화씨, 유채씨, 포도씨,

해바라기씨, 홍화, 쌀겨에서 다량의 기름을 뽑아내고 정제하기 시작했다. 원래 식물의 씨앗에서 뽑아낼 수 있는 기름의 양은 한정되어 있다. 방앗간에서 참기름과 들깨 기름을 뽑아내는 것을 본 적이 있다면 알 것이다. 씨앗 추출 기름은 용매제를 사용해 고열의 화학처리를 통해 그 양을 확보한다. 1909년에서 1999년까지 콩 추출 오일(콩 식용유)의 소비량은 약 1,000배 증가했고, 모든 식용유 중 86%가 이런 식으로 정제한 식물 추출 기름이었다. 이들 기름은 올리브 오일이나 코코넛 오일에 비해 발연점이 높고 액체 형태였기에 보관과 유통이 쉬웠으며, 무엇보다 값이 쌌다.

문제는 이들 기름(대두, 옥수수, 카놀라, 면화씨, 유채씨, 포도씨, 해바라기씨, 홍화, 쌀겨 추출 기름)에 오메가6 지방산 비율이 너무 높다는 것이다. 사람 몸에 이상적인 지방산 비율은 오메가3와 오메가6가 1 대 2 정도다. 오메가6 다불포화지방산을 자주 먹는 현대인의 평균 비율은 1 대 20 정도다. 오메가6 지방산은 많이 먹을 경우 혈액 속 지질을 손상·괴사시킨다. 다불포화지방산은 체내에서 활성산소와 결합하는데, 먹지 않았을 때와 비교하면 10배 이상의 생성률이다. 이것이 지질을 과산화(산패·괴사)시킨다. 이로 인해 발생하는 대표적인 질병이 '이상지질혈증'이다.

오메가6 지방산 기름이 세포의 미토콘드리아와 세포막을 훼손, 신경 전달을 교란한다는 지적은 꽤 많다. 오메가6와 오메가3는 상극관계로 우리 몸에서 한쪽의 섭취량이 늘면 한쪽이 줄어든다. 버터와 소기름에 함유된 오메가6는 7% 미만이지만, 올리브유와 코코넛오일을 제외한 식물 추출 기름의 오메가6 함량은 40~70%에 달한다. 여기서 말하는 버터는 대두를 먹은 소가 아니라 목초로 방목한 소의 우유로 만든 것을 말한다.

1960년대 콜레스테롤 파동 이후 미국인은 식단을 바꾸었다. 아침 식탁에 스테이크와 버터, 치즈, 달걀 대신 시리얼과 토스트, 트랜스지방과 식물성 식용유로 조리한 밀가루 음식이 올라왔다. 당시 식품업체들에게 가장 인기 있는 모델은 근육질의 매끈한 헬스 트레이너였고, "이 몸엔 콜레스테롤이 없습니다."라는 자극적인 문구가 뒤따랐다. 이런 광고는 근육질의 건강한 남자가 되기 위해선 포화지방산 식품을 먹지 말라는 메시지를 유포했다.

기존의 식단에서 지방을 배제한 만큼 미국인들은 부족해진 포만감을 채우기 위해 과당을 선택했다. 액상과당이 들어간 각종 음료수를 물처럼 마시기 시작한 것이다. 마가린의 유통 이후 30년간 미국에선 ADD, ADHD, 자폐증 환자가 폭증했다. 연구 결과가 나오기까지 누구도 그 원인을 알지 못했다. 사실 1911년 트랜스지방을 이용한 생쥐 실험이 있었고, 트랜스지방을 먹은 쥐들이 대부분 신경계 이상 증상과 함께 빨리 죽었다는 연구가 있었지만, 미국 학계는 이를 주목하지 않았다. 역사상 가장 광범위한 인구를 대상으로 한 불행한 인간 실험은 이렇게 이뤄졌다.

※ 지방(fat)

중성지방(Triglyceride) : 일반적으로 "몸에 지방이 많다"고 했을 때는 중성지방을 지칭한다. 음식물의 당질과 지방산을 재료로 해서 간에서 합성하고 고체 형태로 존재한다.

※ 지방산(fatty acid)

지방의 부분체이다. 지방산을 기수분해하면 탄소 원자를 중심으로 수소와 약간의 산소가 결합된 것을 확인할 수 있다. 지방산의 길이에 따라 아래와 같이 분류한다.

– 짧은사슬지방산(short-chain fatty aicd, SCFA): 탄소 6개 미만
– 중간사슬지방산(medium-chain fatty acid, MCFA): 탄소 6~12개
– 긴사슬지방산(long-chain fatty acid, LCFA): 탄소 14개 이상

※ 포화지방산(saturated fatty acid)과 불포화지방산(unsaturated fatty acid)

탄소와 탄소의 결합이 단일하게 결합되어 단단한 형태를 가진 것을 포화지방산이라고 한다. 버터와 같은 포화지방산이 고체 형태로 존재하는 이유다. 탄소 결합이 비어 있거나 이중으로 결합되어 있어 수소이온과 쉽게 결합할 수 있는 지방산을 불포화지방산이라고 한다. 콩기름이나 올리브유, 카놀라유, 포도씨유 등 상온에서 액체 상태로 존재한다. 수소결합이 용이해서 쉽게 산패되고 우리 몸에서도 산화작용을 한다.

※ 단일불포화지방산과 다가불포화지방산

이중결합 구조가 단일한 것을 단일불포화지방산, 이중결합 구조가 2개 이상으로 4개 이상의 수소 이온을 흡수할 수 있는 지방산을 다가불포화지방산이라고 한다. 오메가3, 오메가6는 대표적인 다가불포화지방산이다.

포화지방의 귀환

고기를 먹으면 몸에 지방과 심혈관질환이 생긴다는 굳은 믿음은 그후 80년이 지난 지금도 맹위를 떨치고 있다. "지방을 먹으면 지방이 생긴다."는 주장이야말로 얼마나 직관적인가? 그사이 콜레스테롤 생성을 억제하는 약물인 머크사의 스타틴은 수백억 달러 이상의 시장을 구축했다. 이 약은 지금까지도 비만과 당뇨, 심혈관 증세가 있는 환자에게 처방되는 가장 보편적인 약이다.

안셀 키즈 박사의 '지질가설'에 따르면 포화지방을 많이 섭취한 사람에게는 더 많은 콜레스테롤이 생성되어야 하고, 콜레스테롤 수치가 높은 사람의 심장병 유병률과 사망률은 그렇지 않은 사람들보다 높아야 한다. 하지만 후속 연구들은 키즈 박사의 지질가설을 입증하기는커녕 탄핵했고, 연구 결과들은 그의 주장을 오히려 반증하고 있다. 즉, 정반대였다. 콜레스테롤 수치가 낮은 사람의 심장병 발생률과 사망률이 가장 높았다.

결정적으로 키즈 박사가 '지질가설'을 발표하며 사용한 통계자료가 조작되었다는 사실이 밝혀지면서 미국 의학계는 발칵 뒤집혔다. 안젤 키즈 박사는 당시 22개국 국민의 포화지방 섭취율과 콜레스테롤 증가, 포화지방 섭취율과 심혈관 증가와의 상관관계를 조사했다. 하지만 조사 결과 자신의 가설로 내세웠던 결과를 도저히 도출할 수 없었다. 그래서 자신의 원본(Law Data) 대신 6개국의 도표만을 선별하고 그래프를 가공해서 발표한 것이다.

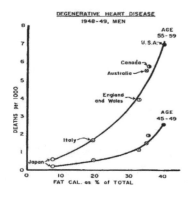
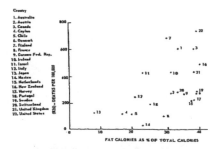

Fig. 3. Mortality from arteriosclerotic and degenerative heart disease (B-26) and fat calories as per cent of total calories in males fifty-five to fifty-nine years. Calculated from national food balance data by F.A.O. (see text for definition).

원본 데이터를 보면, 상관관계를 알 수 없다.

안젤 키즈 박사의 논문에 수록된 데이터와 원본 데이터

우측 도표에서 보듯 포화지방과 콜레스테롤의 수치, 그리고 심장병 발생율과의 연관성은 계통성이 없어서 입증할 수 없다. 이후에 나온 각종 연구들도 이 지질가설을 탄핵하고 반증했다.

지방-심장 가설은 인류 과학 역사상 최대의 사기극이다

심장병 연구로는 가장 수준 높은 코호트(연구 집단)인 프래이햄 심장 연구소(Framingham Heart Study)에선 30년간의 추적 관찰연구를 통해 '지방−심장 가설'이 아무런 과학적 근거가 없음을 밝혀냈다. 연구소는 지속적으로 사람들의 식단과 콜레스테롤, 그리고 심장병 발병률을 추적했다. 그들은 우선 1977년 논문 『식이요법−심장: 한 시대의 종말』을 통해 불포화지방산 식단이 콜레스테롤 수치를 전혀 감소시키지 못하고 있다고 밝혔다.

1950년대 이후 관상동맥심장병을 낮추기 위해 과학계와 재단, 언론은 저지방, 저콜레스테롤, 불포화지방 식단을 장려했지만 심장병은 줄어들지 않았고, 콜레스테롤 역시 감소하지 않았다. 임상의들은 포화지방과 콜레스테롤과의 상관관계조차 발견하지 못하고 있다고 말하지만, 저명한 심장 전문의들은 여전히 탄핵된 방식을 고집하고 있다.[1]

연구소는 10년 후인 1987년엔 『콜레스테롤과 사망률』이라는 연구를 발표했는데, 이 논문은 30년간 31세부터 65세의 콜레스테롤 수치와 사망률을 추적한 것이다. 그 결과는 놀라웠다. 콜레스테롤 수치 1mg/dℓ

---

1   Geoge v. Mann. 『Diet-Heart; End og Era』. The New England Journal1 of Medicine. 1977. 9.

감소할 때마다 전체 사망률은 11%, 심혈관계 사망률은 14%가 증가했다는 것이다.

30년 이상 지질-심장병 가설을 연구했던 조지만(Geoge v. Mann) 연구소 부국장은 "지방-심장 가설은 인류 과학 역사상 최대의 사기극"이라며 해당 가설로 인해 입은 인류의 건강 손실을 지적했다.

후속 연구 결과 역시 마찬가지였다. 네덜란드 레이든 마을의 85세 초고령자 570명을 10년간 추적한 연구 결과를 『최고령자의 총콜레스테롤과 사망위험』이라는 논문으로 발표하였다. 레이든 85세 이상 인구의 총콜레스테롤과 사망 원인과 콜레스테롤 수치를 비교한 것이다. 조사 결과, 콜레스테롤 수치가 높을수록 사망률이 더 낮았다는 것이다. 다음은 초록을 발췌한 것이다.

추적 기간 총 642명의 참가자가 사망했다. 총콜레스테롤이 1 mg/dl 증가할 때마다 사망률은 15% 감소했다(위험 비율 0~85 [95% CI 0.79~0.91]). 이 위험 추정치는 5년 동안 안정적인 콜레스테롤 농도를 유지한 참가자 하위 그룹에서도 유사했다. 주요 사망 원인은 세 가지 총콜레스테롤 범주에서 사망 위험이 유사한 심혈관 질환이었다. 암 및 감염으로 인한 사망률은 다른 범주에 비해 총콜레스테롤 수치가 가장 높은 범주에 속한 참가자들 사이에서 현저히 낮았는데, 이는 콜레스테롤이 높을수록 사망률이 더 낮은 것을 뒷받침한다. … 85세 이상의 사람들의 경우 총콜레스테롤 농도가 높으면 암 및 감염으로 인한 사망률

이 낮아 장수와 관련이 있다. 콜레스테롤 저하요법의 효과는 아
직 검증되지 않았다.[2]

2019년, 국내 관동의대 연구진은 총 1,280만 명의 의료정보를 바
탕으로 총콜레스테롤과 사망률과의 관계를 조사했다. 총콜레스테롤
220~240mg/dl 그룹의 사망률이 가장 낮았고, 170mg/dl에서 30씩 감소
할 때마다 사망률은 30% 이상씩 증가했음을 밝혀냈다. 심지어 100mg/
dl 미만의 국민에 비해 220~240mg/dl 미만 국민의 사망률은 7배나 적
었다.

일본의 연구 결과도 같았다. 2008년 일본 후쿠이시 성인(40~70세)
42,000명에 대한 대규모 코호트 조사에서도 총콜레스테롤 수치 140mg/
dl 미만 그룹의 사망률은 압도적으로 높았다. 오히려 180mg/dl 이상의
그룹에서는 140mg/dl 이하 그룹의 절반 정도의 사망률만 보였다. 이 중
240~259mg/dl 그룹의 사망률이 가장 낮았다.

미국 역시 12년에 걸쳐 35~57세 성인인구 35만 명을 조사했을 때 총
콜레스테롤 160mg/dl 미만의 그룹에서 뇌출혈 위험 2.2배 증가했고,
고지혈증 치료제인 아토바스타틴 투여군 역시 일반 뇌출혈 환자의 뇌경
색 위험률에 비해 6.7% 증가했다. 그들에게 다시 뇌출혈이 올 위험은
비투약군에 비해 406%가 증가했다는 결과를 얻었다.

2   Gerard J Blauw 외. 「Total cholesterol and risk of mortality in the oldest old」 『The Lancet Journal』. 1987. 10.

콜레스테롤 증가와 사망률과의 상관관계는 밝히지 못했는데, 오히려 콜레스테롤 감소와 사망률과의 인과관계는 명확했던 것이다. 이와 같은 연구 결과는 너무나 많아 미처 다 소개하지 못할 정도다. 일관되게 콜레스테롤이 낮을 경우 사망률이 높아지고, 나라마다 차이는 있지만 일정 구간(130~240)의 소위 평균 범주의 사람들이 더 건강하게 오래 살았다는 것이다.

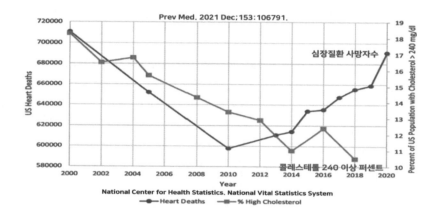

콜레스테롤 수치와 심장병 사망자 그래프 (출처: 미국 국립 국민건강통계센터. 2021)

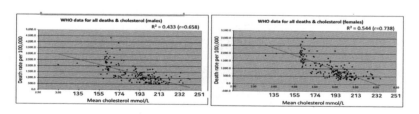

좌측이 남성, 우측이 여성이다.(출처: 미국 국립 국민건강통계센터. 2021)

192개국 국민의 총콜레스테롤 수치와 사망률

일본인 82,000명을 대상으로 한 연구 결과도 동일했다. 2013년 쓰쿠바 대학은 연구 대상을 1995년부터 1그룹, 1998년부터 2그룹으로 나눠 식단의 특징과 순환기 질병 발병률을 11년에 걸쳐 추적 조사했다. 해당 논문은 유럽심장학저널지 EUJ에 실렸다. 포화지방산 섭취량이 적을수록 탄수화물을 많이 먹었고, 포화지방산을 많이 먹을수록 탄수화물의 비중이 적었다. 하루 평균 78g의 고기(포화지방산)를 제공받은 이들은 모두 수축기 혈압, 뇌졸중 발병률, 심근경색 발생률이 가장 낮았다.

미국뿐 아니라 거의 모든 연구에서 총콜레스테롤과 심혈관 질환과의 상관관계에 대한 주장이 탄핵당하자, 미국 식품영양학회는 콜레스테롤을 혈관 위험인자에서 빼 버렸다. 그리고 낮은 콜레스테롤 수치만큼 높아진 치매와의 연관성을 밝히기 위해 연구를 시작했고, 무엇보다 액상과당과 탄수화물이 심장병의 주요 원인이라는 연구 결과가 쏟아져 나오게 된다. 결과적으로 미국인은 40년 넘게 콜레스테롤 사기극의 볼모로 잡혀 있었던 셈이다.

콜레스테롤(cholesterol)은 일종의 담즙이다. 콜레스테롤은 몸에 들어온 동물성 세포를 소재로 우리 간에서 80%가량을 생성한다. 애초 면역을 위해 설계된 시스템 중 하나인 셈이다. 콜레스테롤은 혈액 속 이물질이 세포 속으로 침투하지 못하도록 세포막을 단단하게 해 주며, 뇌의 신경세포와의 교신을 담당하는 교신물질이기도 하다. 쓸개즙을 생성하는 원료로 사용되며, 비타민 D 합성에도 필요한 필수 물질이다.

특히 뇌의 90%는 콜레스테롤(지방)로 구성되어 있기에 뇌의 신경조직과 인지능력은 콜레스테롤에 직접적으로 영향을 받는다. 콜레스테롤이 저하되면 치매 가능성이 높아진다. 체내 콜레스테롤 합성을 억제하는 고지혈증 치료제 스타틴 계열(프리바, 피타바, 아토르바, 로수바, 로바, 심바 등)이 출시되면서 미국 내 치매 환자가 급증한 것에 대해서도 임상의학자들은 스타틴 약물의 오남용 가능성을 의심한다.

왜냐면 과거 미국에선 콜레스테롤에 대한 정밀한 분석 없이 풍선껌 주듯 처방했기 때문이다. "매일 아스피린 한 알이나 스타틴을 복용하면 무병장수한다."는 말을 유명 인사들이 TV에서 거리낌 없이 할 때였다. 앞 장에서 살펴본 것과 같이 포화지방이 콜레스테롤을 더 생성하지 않으며, 콜레스테롤이 높다고 사망률이 높아지지 않는다는 것은 과학계가 이미 검증한 내용이다.

끝나지 않은 논쟁, LDL-C

총콜레스테롤이 높으면 몸에 해롭다는 주장이 거짓이라는 것은 이제 더는 의미가 없을 정도로 의학계의 상식으로 정착되었다. 하지만 세부 영역에서의 논쟁은 그리 간단한 것이 아니다. "콜레스테롤에는 좋은 콜레스테롤(HDL-C)이 있고 나쁜 콜레스테롤(LDL-C)이 있는데, 문제는 나쁜 콜레스테롤이다. 높은 LDL 수치를 가진 환자에겐 적극적으로 스타틴 계열의 약을 처방해야 한다."는 것이 현재 주류 의학계의 보편적인 처방 매뉴얼이다.

그런가 하면, "LDL의 유해성 또한 입증된 바가 없으며 스타틴의 오남용으로 인한 부작용이 심각한 상태"라고 주장하는 일단의 의학 그룹이 있다. LDL이 해롭다는 주장마저도 이들은 입증된 바가 없다고 주장하고 있고, 이들은 여러 관찰 실험을 통한 논문을 증거로 제기하고 있다. 하지만 이러한 주장에 대한 반증 논문 또한 많고 조사의 정합성과 규모 면에서 신뢰도가 높은 경우도 많다.

앞서 언급한 '콜레스테롤 사기극'은 주류 의학계에 대한 불신을 불러왔고, 여러 임상실험 논문 역시 제약회사와 식품업계의 지원을 받았을 것이라는 의심마저 받고 있다. 현재 논란의 핵심은 LDL 콜레스테롤이다. LDL 콜레스테롤 수치와 사망률이 비례하지 않았기 때문이다. 오히려 낮을수록 위험하다는 연구 결과가 쏟아지기 시작한 것이다.

2021년 미국 공중보건통계센터의 「국민 건강-영양 통계조사」 정례보고에서도 LDL과 심장병 사망률의 관계는 뚜렷했다. LDL이 낮은 그룹(55~70mg/㎗)의 사망률이 평균 LDL 그룹(150~180mg/㎗)보다 배가량 높았고, 심지어 LDL 240mg/㎗ 이상 그룹보다도 높았다.

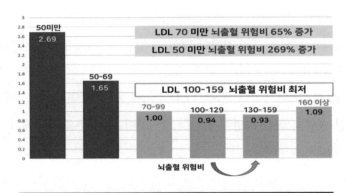

미국 국민 건강 영양 통계조사 : LDL과 심장병 사망률
(출처 : 공중보건통계센터. 「미국 국민 건강 영양 통계」, 2021)

세계인 47만 명을 대상으로 한 대규모 추적조사(2019, Current Atherosclerosis Report)에서도 결과는 같았다. LDL콜레스테롤 100~265mg/㎗ 구간의 사람들의 뇌출혈 위험도가 가장 낮았고 여기에 비해 50~70mg/㎗ 구간의 사람들의 위험성은 3배 이상 높았다.

Current Atherosclerosis Reports (2019) 21:52
https://doi.org/10.1007/s11883-019-0815-5

[대규모 47만명 조사] LDL콜레스테롤과 뇌출혈 위험

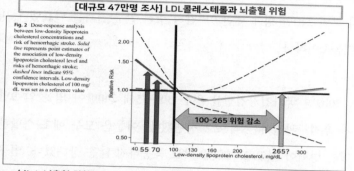

Fig. 2 Dose-response analysis between low-density lipoprotein cholesterol concentrations and risk of hemorrhagic stroke. *Solid line* represents point estimates of the association of low-density lipoprotein cholesterol level and risks of hemorrhagic stroke; *dashed lines* indicate 95% confidence intervals. Low-density lipoprotein cholesterol of 100 mg/dL. was set as a reference value

100-265 위험 감소

LDL 10mg/dL↑ 뇌출혈 위험은 3%↓ [주의] 아시아인. 백인 → 낮은 LDL에 의한 뇌출혈 위험 더 증가

47만 명에 대한 LDL과 뇌출혈 위험도 추적조사 (출처: 「Current Atheroscleerosis Reports」 2019)

관동대학교 연구진의 연구 결과 역시 동일했다. 심혈관질환 위험성이 가장 낮은 그룹은 LDL 평균치인 (110~120㎎/㎗)이었다. 흥미로운 점은 70㎎/㎗미만 그룹과 130~159㎎/㎗ 그룹의 심장병 위험성은 차이가 없었다는 점이다.

심근경색 [Myocardial infarction]

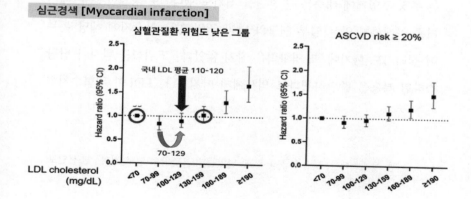

LDL-C와 심근경색 위험률 (출처: 관동대학교 의과대학)

2023년 서울대병원 양한모·박찬순, 숭실대 한경도 공동연구팀 역시 우리 국민 240만 명에 대한 9년간의 추적 연구 결과를 발표했다. 내용은 대동소이하다.

2009년 국가건강검진을 받은 30~75세 240만여 명을 약 9년 간 추적·관찰하는 식으로 진행됐다. 이들은 모두 애초 심혈관 질환 병력이 없고 고지혈증 약도 복용하지 않은 상태였다. 연구 결과 LDL 콜레스테롤 수치가 80~90㎎/㎗ 이하로 정상보다 낮은 경우, 심혈관질환 발생 위험도가 오히려 높아지는 현상이 관찰됐다.[1]

LDL-C, 정말로 괜찮은 것일까?

여러 논문이 LDL과 심혈관 질환, 심혈관 질환으로 인한 사망률이 연관 없음을 보여 주고 있고, 심지어 LDL이 낮을수록 사망률이 낮다는 주장도 있기에 대중은 큰 혼란을 겪기도 했다. 또 정밀한 로우 데이터를 공개하지 않는 일부 연구와 달리 권위 있는 학술지에 해당 논문이 실리기도 했기에 그 영향력은 작지 않았다. 고위험군 환자가 당장 스타틴 복용을 중단하겠다고 의사에게 따지거나, LDL이 위험수치임

---

1   "나쁜 콜레스테롤, 낮을수록 좋은 줄 알았는데… 뜻밖의 연구 결과". 조선일보.
    2023년 8월 23일자.

에도 의료적 처방을 받지 않겠다고 고집하는 환자들이 늘어난 것이다. 이런 경향성은 미국과 유럽에서 강화되고 있고, 한국 역시 큰 영향을 받고 있다.

우리 몸의 지방은 중성지방과 콜레스테롤로 구성되어 있다. 중성지방은 그야말로 생명 활동에 필요한 에너지원으로 사용된다. 그리고 콜레스테롤은 HDL과 LDL, 잔여콜레스테롤로 구분된다. 중성지방은 주로 에너지원으로 사용되는 영양소이고, HDL 콜레스테롤은 혈액 속에 쓰이지 못하고 남은 지방 찌꺼기를 간으로 수거한다. LDL 콜레스테롤은 몸속의 미세 염증을 조절한다. 우리 몸의 핵심적인 면역체계라고도 할 수 있다.

몸에 염증이 발생해서 세포들이 반응하기 시작하면 우리 몸은 이 불을 끄기 위해 간에서 LDL 콜레스테롤을 가져오는데, 이때 콜레스테롤은 단백질이라는 배를 타고 나오게 된다. 그래서 '지단백'이라고 표현하기도 하고 저밀도 고단백 콜레스테롤, 즉 LDL이라고 한다.

그럼 왜 의학계는 LDL 콜레스테롤이 나쁜 물질이라고 판단했을까? 몸속 염증이 과다한 환자의 혈액 검사를 해 보니 공통적으로 LDL이 높게 검출되었다는 것이 핵심 단서였다. 심혈관 질환자와 사망자의 막힌 혈관을 조사했더니 막힌 부위에서 다량의 LDL이 검출된 것이다. 즉, LDL의 과잉 침전이 혈관을 막았다는 사실이 확인되었다. 그런데 뒤집어서 생각하면 LDL의 출동은 몸속 면역 시스템이 활발하게 작동하고 있다는 것이 방증이기도 하다.

그렇다면 LDL이 높은 것이 좋은 것 아니냐고 생각할 수 있지만, 그렇지 않다. LDL이 높다는 사실은 체내 염증이 많다는 것이고, 그로 인해 혈관 상처를 치유하기 위해 출동한 LDL이 반복적으로 쌓여 심혈관 또는 뇌혈관을 좁히거나 막는다. 물론 LDL 수치 하나만 봐서는 안 된다. HDL과의 비중 차를 살펴야 하고, 무엇보다 중성지방 수치가 중요하다.

LDL-C의 인과관계와 상관관계

"LDL이 낮은 사람의 사망률이 높았다."는 결과를 'LDL을 높일수록 오래 산다.'고 오독할 수 있다. 상관관계를 인과관계로까지 해석한 것이다. 가령 "가계 재정 지출 중 약 소비 비중이 적은 사람일수록 오래 산다."는 통계가 있다고 했을 때 이를 오래 살려면 약을 소비 비중을 줄여야 한다는 일반론으로 잘못 해석하는 것이다.

부유층일수록 건강에 대한 정보가 많고, 건강을 효과적으로 관리할 수 있는 여건이 충족된다. 반대로 가난할수록 노동 강도가 심하고, 스트레스와 건강을 관리할 수 있는 여건이 충족되기 어렵고 무엇보다 질병이 만성화되는 경우가 많다. 여기에 가계 수입의 차이까지 고려한다면 가계 재정 지출에서 약에 대한 소비 비중은 높을 수밖에 없을 것이다. 하지만 위의 명제는 상관관계를 보여 줄 뿐, 인과관계를 보여 주진 않는다. 따라서 이를 "약에 대한 소비 비중을 줄이면 오래 산다."라고까지 해석하는 사람은 없을 것이다.

마찬가지로 우리는 'LDL이 낮은 사람'에 대한 의문을 가져야 한다. "LDL이 낮은 데 HDL까지 낮은 사람은 아닐까?" 또는 "선천적으로 콜레스테롤 생성에 문제가 있는 사람은 아닐까?" 하는 의문 말이다. 실제로 해당 연구는 관찰 연구였다. 즉, 이미 주어진 통계를 기반으로 이를 재분석하는 기법의 연구다. 이 연구에는 LDL 부족 대상자들이 간경변, 만성콩팥병, 갑상샘기능항진증, 전이암, 혈액암, 혈액질환, 영양실조, 염증성 질환, 결핵 등으로 LDL 수치가 낮아진 상태였는지를 검증하지 못한다는 치명적인 단점이 있다.

또, LDL에만 집중하면 사인이 LDL인 것으로 오인하기 쉽다. 하지만 사람의 사망 원인에는 이보다 훨씬 많은 변수가 존재한다. 관찰연구와 사람을 대상으로 한 임상연구에는 항상 제약이 따른다. 관찰연구는 일반 통계와 특정 대상 집단에 대한 통계자료를 분석할 뿐 동물실험과 유사하게 환경적 제약을 동일하게 만든 조건에서 그 결과를 분석하지 못하기 때문이다. 사람에 대한 임상 연구 또한 연구윤리에서 심각한 제한을 받는다. 가령 심혈관 위험군을 대상으로 한 그룹에겐 스타틴을 계속 처방하고, 한 그룹엔 스타틴 처방을 중단하는 실험이 가능할까? 이와 유사하게 고지혈증이 있는 환자에게 1년간 약 처방을 하지 않는 임상 실험을 하겠다고 했을 때 연구윤리위원회가 이를 허가할 리 없다.

LDL과 관련한 논문 중 가장 대규모 데이터에 대한 메타 회귀분석 논문이 있다. 바로 유럽심장저널(EUJ)의 2017년 논문이다. 『저밀도 지질단백질은 죽상경화성 심혈관 질환을 유발한다. - 유전적, 역학, 임상적 연구로부터 얻은 증거. 유럽죽상경화증학회의 합의문』[2]이라는 다소 긴 제목의 논문으로 발표되었다.

학회의 공동 연구진은 200개 이상의 전향적 코호트 연구, Mendelian 무작위화 연구, 2천만 명 이상의 참가자와 2천만 명 이상의 추적 조사 및 15만 건 이상의 심혈관 환자를 대상으로 무작위 임상실험 연구를 실시했다. 이 연구가 인상적인 이유는 동맥경화 심혈관 환자들의 심장 혈관을 직접 초음파로 측정해서 그 값과 LDL 데이터와의 연관성을 모두 분석했기 때문이다. 연구진이 밝힌 결론은 다음과 같다.

LDL 수용체 기능 감소를 유발하는 희귀한 유전적 돌연변이는 LDL-C를 현저히 높이고 동맥경화 위험을 용량 의존적으로 증가시키는 반면, LDL-C를 낮추는 희귀한 변종은 이에 상응하여 동맥경화 위험을 낮춘다. 200개 이상의 전향적 코호트 연구, Mendelian 무작위화 연구, 2천만 명 이상의 참가자와 2천만 명 이상의 추적 조사 및 15만 건 이상의 심혈관 사건을 포함하는 무작위 임상 시험에 대한 별도의 메타 분석은 놀랍도록 일관된 용량 의존적 로그를 보여 주었다.

바. LDL-C에 대한 혈관계 노출의 절대 크기와 동맥경화 위험 사이의 선형 연관성; 이 효과는 LDL-C에 대한 노출 기간이 길

---

2   『Low-density lipoproteins cause atherosclerotic cardiovascular disease. 1. Evidence from genetic, epidemiologic, and clinical studies. A consensus statement from the European Atherosclerosis Society』. Eur Heart J. 2017 Aug 21;38(32);2459-2473.

어질수록 증가하는 것으로 관찰되었다. 자연 무작위 유전학 연구와 무작위 중재 실험 모두 혈장 LDL 입자 농도를 낮추는 메커니즘이 LDL-C의 절대 감소와 낮은 LDL-C에 대한 누적 노출 기간에 비례하여 동맥경화 발병 위험을 줄여야 함을 일관되게 보여 주고 있다. 단, 이 연구는 LDL-C의 감소의 경우 LDL 입자 수의 감소와 일치해야 하고 다른 변수 효과가 없었다는 조건에서 실시되었다. [3]

간단히 정리하면, LDL 수치가 높아지면 동맥경화의 위험이 증가했고, 실제 심혈관 초음파 촬영 결과 LDL 수치가 높을수록 심혈관이 좁은 것을 확인했다는 것이다. 심혈관 위험군에 대한 스타틴 작용에 대한 연구 결과 역시 의미 있었다.

2005년 『Lancet』(2005 oct 8;366)지에 실린 「스타틴과 총사망률 메타 분석 연구」의 결과를 보면 1년 동안 심혈관 위험군에 대해 스타틴 약물을 이용해 LDL 수치를 줄였을 때 사망률이 현저히 낮아졌고, 고용량일수록 그 효과가 뛰어났다는 것이다. 심혈관 사망률은 17%나 감소했다. 물론 이 연구는 심혈관질환 위험군을 대상으로 한 것이지 일반인을 대상으로 한 것이 아니다. 따라서 당뇨나 심장병 등의 질환이 전혀 없는데, LDL 수치가 높다고 당장 스타틴을 복용해야 한다는 연구 결과는 없다.

3   위의 자료.

그런데 이 연구에도 약점이 있다. LDL의 입자 크기에 따른 위험성을 변별하지 않았다는 점이다. LDL 콜레스테롤 중에서 입자가 크고 밀도가 높지 않은 것들은 A 타입으로 위험성이 높지 않다. 반대로 단단하고 작아서 빠른 것들은 B 타입으로 위험성이 크다. LDL 수치가 심혈관 질환의 절대적 수치가 아니라는 데는 많은 심장병 전문의들이 동의하고 있다. 그래서 최근에는 LDL의 세부 성분비와 잔여콜레스테롤에 주목해야 한다는 주장이 제기되고 있다.

sd-LDL과 렘란트 콜레스테롤

LDL-C를 둘러싼 혼란이 지속되고 있는 이유는 현장에서 LDL 수치를 90 미만으로 낮추는 데 성공했음에도 치료받은 환자의 사망률이 줄어들지 않고 있기 때문이다. 최근에는 LDL-C의 수치가 높다고 위험한 것이 아니라 그중 작고 빠르고 밀도가 높아 혈관벽을 잘 뚫는 스몰 덴스(small dense) LDL에 주목해야 한다는 주장이 나오고 있다. sd-LDL과 중성지방, HDL의 성분비가 중요하다는 것이다.

총콜레스테롤 수치가 높아도 sd-LDL 수치가 정상이면 아무런 문제가 없다. 반대로 총콜레스테롤 수치가 낮아도 HDL과 중성지방의 비중이 1:2.5를 넘어서면 안 좋다. 이 경우 통상적으로 sd-LDL 수치가 높은 것으로 확인되고 심혈관 질환 위험성도 매우 높다는 것이 확인되고 있다. 그런데 sd-LDL 검사를 동네 병원의 내과에서 받기란 쉽지 않다. 그래서 고지혈증 약을 복용하는 환자들의 경우, 세부적인 지단백 수치를 검사해 주는 병원을 찾아가서 의뢰하는 사례가 늘고 있다.

스페인 연구팀은 총콜레스테롤에서 HDL과 LDL을 제외하면 남는 잔여콜레스테롤에 주목했다. 잔여콜레스테롤은 '렘란트 콜레스테롤(Remnant)'이라고 부르는데, 초저밀도 지단백(VLDL)과 중저밀도 지단백(IDL)으로 구성된 콜레스테롤이다. 연구팀은 LDL 수치와 심혈관 질환 위험성과의 연관성은 찾기 어려웠지만 렘란트 콜레스테롤 수치가 높을 경우 위험성이 높았다고 주장했다.[4]

하지만 앞서 언급한 것과 같이 사람에 대한 임상실험은 그 자체로 한계가 있다. LDL과 심혈관 질환과의 연관성을 확인할 순 있지만, 그것의 인과 관계까지 계통적으로 밝히진 못하고 있는 것이 현실이다. 분명한 것은 몸속 염증 물질이 심혈관 질환을 일으키고, 그 염증물질은 과당과 정제탄수화물, 정크 푸드의 과잉 섭취 및 운동 부족으로 인해 발생한다는 점이다.

---

4 『Remnant Cholesterol, Not LDL Cholesterol, Is Associated With Incident Cardiovascular Disease』 J Am Coll Cardiol. 2020 Dec 8;76(23):2712-2724.

스타틴 폭식의 시대

　많이 알려졌다시피 고지혈증 치료제는 LDL 콜레스테롤과 염증을 낮춘다. 하지만 남용과 장기 복용의 문제는 가볍지 않다. 조금만 높아도 관성적으로 약을 처방하는 경우가 많았기 때문이다. 불과 2년 전 한 심장병 전문의는 한 대안 매체에 나와서 고기 등을 먹지 않고 관리해서 LDL 55㎎/㎗ 이하로 유지하면 동맥에 기름도 안 끼고 건강하게 살 수 있다고 주장한다. 특히 환자 입장에서 보면 55㎎/㎗ 이하가 유리하기 때문에 가이드라인보다 엄격하게 적용해서 스타틴을 복용할 것을 권유하고 있다.

　심지어 그는 자신은 심심풀이로 스타틴 약을 먹고 있다며 스타틴 계열의 약 도움 없이는 LDL 수치를 55㎎/㎗ 이하로 낮추기란 불가능한데, 약물 부작용에 대해선 과장이 많기에 너무 신경 쓰지 말라고 하고 있다. LDL 55㎎/㎗ 이하는 2019년 유럽심학학회가 설정한 심장병 초고도위험군에 적용하는 가이드라인보다 낮은 수치고 당뇨 고위험군(70㎎/㎗)보다도 낮은 기준이다. 다시 말해 사람의 생명을 다루는 의사로서는 감히 권고해선 안 되는 위험한 권고인 셈이다. 이런 일부 의사들의 관성적 치료로 인해 스타틴을 먹지 않아도 될 이들까지 스타틴을 복용하는 문제가 발생한 것이다.

　스타틴의 부작용 중 가장 대표적인 것이 인슐린 저항성을 높이고 간 수치가 올라가는 것이다. 혈당이 오르면 당뇨약을 처방하는데, 이 경우 간수치는 더 나빠져서 정기검진을 받아야 한다. 또한 코큐텐(CoQ10) 수치를 감소시켜 무기력증에 빠지게 만들거나 성호르몬인 테스토스테론, DHEA 수치를 낮춰서 건강한 성생활에 지장을 주고 만성적인 에너지 저하 상태로 이끌 수 있다.

　당뇨와 고지혈증, 심혈관 유병자에겐 운동이 필수적인데, 에너지 저하로 인해 가벼운 운동조차 귀찮아지는 문제를 동반한다. 이로 인해 약물이 약물을 다시 불러오는 악순환이 지속될 수 있다. 약을 끊고 싶지만, 당뇨나 고지혈증 위험군의 경우 끊을 경우 심각한 심혈관질환이 동반될 수 있기에 끊을 수도 없다.

　스타틴의 장기 복약에 대해서 부작용 및 효과를 검증하는 것 말고, 스타틴 복약의 진짜 문제에 대해 주목하는 통찰력 있는 논문도 있다. 2014년 JAMA Intern에 실린 논문으로 "스타틴 시대의 폭식"이라는 가제로 게재되었다. "미국 성인 중 스타틴 사용자와 비사용자 사이의 칼로리 및 지방 섭취량의 시간적 추세: 스타틴 시대의 폭식?"이라는 제목이다. 미국국립건강영양실태조사 데이터를 기반으로 1999년에서 2010년까지의 성인인구 27,886명에 대한 데이터를 반복 조사한 결과다. 논문의 결론 부분을 모두 인용하면 다음과 같다.

1999~2000년 기간 동안 스타틴 사용자의 칼로리 섭취

량은 비사용자에 비해 상당히 적었다(2000년대 2179 kcal/d, P = .007). 시간이 지날수록 집단 간 차이는 줄어들었고, 2005~2006년 이후에는 통계적 차이가 나타나지 않았다. 스타틴 사용자 중 2009~2010년 칼로리 섭취량은 1999~2000년 기간보다 9.6% 더 높았다(95% CI, 1.8~18.1; P = .02). 대조적으로, 동일한 연구 기간 동안 비사용자들 사이에서는 유의미한 변화가 관찰되지 않았다. 또한 스타틴 사용자는 1999~2000년 기간에 지방을 훨씬 적게 소비했다(71.7 대 81.2g/d, P = .003). 지방 섭취량은 스타틴 사용자 사이에서 14.4% 증가했지만(95% CI, 3.8-26.1; P = .007), 비사용자 사이에서는 큰 변화가 없었다. 또한 조정 모델에서 BMI는 비사용자(+0.4)보다 스타틴 사용자(+1.3)에서 더 많이 증가했다(P = .02).

결론 및 관련성: 시간이 지나면서 스타틴 사용자 사이에서 칼로리와 지방 섭취량이 증가했지만, 비사용자는 그렇지 않았다. BMI 증가는 비사용자보다 스타틴 사용자의 경우 더 빨랐다. 스타틴 사용자의 식이 조절을 목표로 하는 노력은 덜 집중적으로 진행될 수 있다. 스타틴 사용자에게는 식이 구성의 중요성을 다시 강조할 필요가 있을 수 있다.[1]

---

1   『Different time trends of caloric and fat intake between statin users and nonusers among US adults: gluttony in the time of statins?』 JAMA Intern Med. 2014 July ; 174; 1038-1045.

스타틴 복용을 시작한 환자들은 그 이전보다 더 많이 먹고 식단 조절을 하지 않게 되었다는 것이다. 1999년 무렵에는 스타틴 복용자들이 식단을 조절해서 음식을 적게 먹었는데, 스타틴 복용이 확대되면서 2010년 무렵에는 스타틴 복용자들이 섭취하는 칼로리가 일반인보다 더 많아졌다는 것이다. 그런데 이렇게 많이 먹어도 스타틴 약물의 효능이 개선되면서 LDL 콜레스테롤 수치는 더욱 낮아지는 기이한 통계가 나타났다.

정기검진을 받을 때 LDL 수치가 좋아졌다는 말을 들은 환자들은 기존의 생활 습관을 바꾸려 들지 않았고, 의사들 역시 식단 조절과 운동보다는 제때 복약하라는 권고를 습관적으로 해 왔다는 것이다. 즉, 복약이 환자들에게 원래 몸이 가진 치유력을 높일 동기를 상실하게 만든다는 주장이다. 운동과 식단 조절 대신 약에 의존해 더 많은 음식을 섭취하고 운동하지 않는 생활을 고수한 결과, 일반인보다 더 많이 먹고 덜 움직이는 '스타틴 폭식 환자'를 만들어 내고 있다는 경고다.

LDL을 낮추는 약은 있지만 HDL을 높이는 약은 없다

국내에서 콜레스테롤을 가장 오랫동안 연구하고 현직에서 활동하고 있는 아주대학병원 심장내과 한기훈 교수는 이렇게 권고한다.

LDL 콜레스테롤 수치가 낮다고 무조건 고지혈 약을 처방해선 안 됩니다. 환자마다 그 위험도가 각기 다르고 다른 병력까지 살펴본 후에 맞춤형 처방을 해야 하죠. LDL 수치가 높다고 하더라도 당뇨병이 없으면 덜 위험하고, LDL 수치가 그리 높지 않더라도 당뇨병 등이 있으면 더 위험합니다. 고지혈증뿐 아니라 당뇨, 심장병 등의 합병증으로 인해 많은 약을 복용하시는 분은 약의 효과만큼이나 부작용 또한 많아질 수밖에 없습니다. 재발의 위험도 많습니다. 이 경우 동네 내과에만 다닐 것이 아니라 더 전문적이고 사후 관리를 할 수 있는 병원(3차 병원)에서 관리해야 합니다. LDL을 낮추는 약은 있지만, 아직까진 HDL을 높이는 약은 없습니다. 약에 의존하기보다 지속적인 운동과 식단 조절을 하면 HDL은 높아지고, 중성지방은 떨어집니다. 제가 이것은 분명히 약속할 수 있습니다.[2]

당뇨병 치료제로 개발되었던 트루리시티와 비만 치료제인 삭센다가 실제로 체중 감량에 뛰어난 효과를 보이자 이들 약은 '살 빼는 당뇨약'으로 인기를 얻고 있다. 이들 약은 간단한 주사요법으로 식욕을 억제하는 호르몬(GLP-1) 반응을 끌어내는데, 이들 약의 효과를 톡톡히 보았다는 경험담이 인터넷 등에 쏟아지고 있다. 재고 소진으로 인해 공급이 중단되고, 약국에선 약이 동나면서 당뇨병 환자들이 약을 구하지 못하는 웃지 못할 풍경이 펼쳐지고 있다.

원래는 BMI(체질량지수) 27 이상의 비만 당뇨 환자에게 처방되던 약

---

2 "콜레스테롤 수치보다 더 중요한 것". 의학채널 비온뒤. https://www.youtube.com/watch?v=MUReCyOqKAY&t=774.

이 다이어트 주사제로 둔갑해 가정의학과 등에 처방되고 있다. 이들 약은 다른 당뇨약에 비해 췌장을 더 잘 보호하고 음식을 먹을 때만 인슐린을 분비하도록 만들어서 부작용이 적은 편이라고 한다.

좋은 약이 개발되는 것은 분명 기쁜 일이다. 하지만 자기 몸에 대한 통제력을 상실한 채 약에 대한 의존성만을 높이는 것이 좋은 결과를 낳을지 장담하기 어렵다. 약에 익숙해진 뇌가 나중에 단약 이후에도 식욕을 조절할 수 있을까? 약물에 의한 외적인 통제에 길들여진 몸이 자기 조절력을 회복하는 것은 약물 투여 이전보다 더 어려울 수 있다.

진짜 적은 염증이다

의학계와 영양학회 등이 총콜레스테롤을 심장병의 범인으로 지목해 구금한 사이에 진범은 자유의 공기를 만끽하며 전 세계에 영향력을 확장했다. 진범은 액상과당과 다불포화지방산, 정제 탄수화물이다. 그 결과는 비만과 대사질환, 심장병, 치매로 돌아왔다.

2013년 2월 4일 미국 CBN 뉴스는 "콜레스테롤은 잊어라, 진짜 적은 염증이다."라는 특집을 방송했다. 그들은 대중이 알기 쉽게 콜레스테롤과 포화지방의 관계를 설명했고, 무엇보다 식단을 어떻게 바꿔야 하는

CBN NEWS, 2013년 2월 4일, "Forget Cholesterol, Inflammation's the Real Enemy"

지를 잘 정리해 놓았다. CBN 뉴스는 미국의 대표적인 보수 매체다. 해당 뉴스가 보도되자, 사람들은 놀라움을 감추지 못했다. 특히 연구자들과 혁신적 의사들은 해당 뉴스의 내용에 완벽히 동의한다면서, 이 진실이 주류 언론(CBN)에 보도되기까지 너무나 오랜 시간이 걸렸다고 탄식하기도 했다. 독자들에게도 일독을 권하기에 방송 내용 원문을 그대로 싣는다. 한국에서도 KBS 9시 뉴스가 이 내용을 풀어 보도했다.

"Forget Cholesterol, Inflammation's the Real Enemy"
(콜레스테롤은 잊어라, 진짜 적은 염증이다)
CBN News. 2013. 2. 4.

– 의학 전문기자 : "내 심장을 리피토(스타틴계 고지혈증약)에게 맡긴다."는 말을 들어왔습니다. 리피토는 콜레스테롤을 낮추고, 콜레스테롤은 우리의 적이며 살인자라고 말입니다. 지난 수십 년간 콜레스테롤은 건강을 해치는 최고의 적이라고 생각했습니다. 그런데 최근 새로운 연구 결과가 나왔는데요, 높은 콜레스테롤 수치가 실제로는 좋은 것이라는 겁니다. 대체 무슨 일일까요? 20년 전 의사들은 버터, 치즈, 베이컨, 계란 등 고지방 음식을 피하라고 말했습니다. 콜레스테롤 수치를 올리고 심장 질환을 유발하기 때문이죠. 미국은 즉각 반응해서 지방 섭취를 중단했고, 지방을 대신해 우리는 더 많은 설탕과 다른 탄수화물을 먹었습니다. 그런데 지금 상황은 어떻게 되었죠? 좋지 않습니다. 미국인들은 예전보다 더 살찌

고 더 아파합니다. 당시 과학자들은 잘못된 결론을 내렸던 것으로
보입니다.

**점점 많은 의료전문가들은 이제 체중 증가, 심장질환 등 많은 질병이
콜레스테롤 때문이 아니라 '염증' 때문에 발생한다고 말합니다.** 즉, 콜
레스테롤을 높이는 음식을 피하는 게 아니라 염증을 유발하는 음식
을 피해야 한다는 것입니다. 티터 박사는 여러 종류의 지방이 건강
이 미치는 영향을 연구해 왔습니다. 심장질환의 범인이 콜레스테롤
이라는 과학자들의 주장은 틀렸다고 말합니다. 혈관벽이 손상되면
손상 부위를 수리하기 위해서 콜레스테롤이 투입되는데, 실제로 혈
관 손상은 콜레스테롤이 아닌 염증에 의해 발생합니다.

– Bevely Tete 박사 : 혈관 손상은 혈관 안의 염증에서 시작됩니다. 우
리 몸은 손상된 부위로 콜레스테롤을 보내서 상처를 덮어 주고 보
호하면서 더 이상의 손상이 발생하지 않도록 해 줍니다.

– 기자 : 연구 결과 콜레스테롤은 호흡기와 소화기 장기를 보호하고
비타민 D 합성을 돕는데, 콜레스테롤이 높은 사람은 더 오래 사는
경향을 보였습니다.

– Bevely Tete 박사 : 제 외가 쪽 식구들은 콜레스테롤 수치가 높은데,
어머니 콜레스테롤 수치는 380~420이었죠. 어머니 의료 기록을
살펴보았는데, 어머니는 97세에 돌아가셨어요. 그래서 콜레스테롤
이 어머니에게 나쁜 것이었다고 생각하지 않아요.

– 기자 : 다른 장기에 비해 콜레스테롤이 많은 뇌에는 특히 중요한데, 신경세포가 서로 신호를 주고받는 데에 콜레스테롤이 필요하기 때문입니다. 그리고 티터 박사는 음식을 선택할 때는 콜레스테롤 걱정을 할 것이 아니라 오메가3, 자연적 포화지방을 먹으며 염증을 줄이는 것에 집중하라고 권합니다.

　하지만 어떤 지방은 염증을 유발합니다. 오메가6와 트랜스지방이 많은 음식을 피해야 합니다. 건강한 오메가3와 오메가6를 어떻게 구별하느냐고요? 식물성기름과 마요네즈는 오메가6 함량이 높기 때문에 섭취에 주의해야 합니다. 생선기름, 올리브오일, 호두와 같은 오메가3를 따로 더 섭취하거나 오메가3 보충제를 매일 드세요. 한때 영양사들은 트랜스지방인 마가린이 심장에 좋다고 생각했습니다. 지금은 버터가 더 나은 선택이라는 것을 알게 되었죠.

　지난 20년간 트랜스지방은 거의 대부분 가공식품에 사용되었습니다. 성분표에 '경화유(HYDROGENATED)'라는 단어가 있으면 트랜스지방이 있습니다. 자연적인 포화지방 역시 염증을 감소시켜 주는데요. 대표적으로 코코넛오일은 감기와 독감을 이기게 해 주고 심지어 알츠하이머 치매, 루게릭, 파킨슨병의 증상을 호전시킵니다. 이제 좋은 지방에 대해서 알게 되었으니 이제는 어떤 음식이 살찌게 하고 염증을 유발하는지 알아야 합니다. 여기에는 설탕, 정제 탄수화물, 밀가루, 옥수수, 쌀 등이 있습니다. 건강 문제에 있어서는 콜레스테롤이 아니라 '염증'이 새로운 적입니다. 생선과 코코넛오일 같은 음식에는 "YES"를 설탕, 다른 탄수화물, 트랜스지방에는 "NO"라고 외치세요.

– 앵커 : 어떻게 과학계가 이렇게 틀릴 수가 있지요?

– 기자 : 콜레스테롤은 범죄 현장에 있지만, 실제 범인이 아닙니다. 예를 들어 이웃에게 화재가 발생했는데 '화재가 왜 발생했지?' 하고 보니까 화재 현장에 소방관들이 많이 있는 거예요. 그래서 소방관들이 화재를 일으켰다고 생각해 버립니다. 실제로는 다른 원인이 있는데 말이죠.

– 앵커 : 리피트 같은 스타틴 약은 수십억 불의 엄청난 사업이잖아요?

– 기자 : 그렇죠. 이제 대부분은 콜레스테롤이 적이 아니라는 것을 알고 있습니다. 연구자들은 처음엔 콜레스테롤이 전부 나쁘다고 생각했지만, 좀 더 자세히 들여다보니까 실제로 건강에 좋은 콜레스테롤인 HDL이 있고, 오메가3는 HDL을 높여 주는데 반면에 LDL은 나쁘다고 인식됩니다. 그래서 오메가3, 올리브오일을 먹고, LDL은 낮추려고 하죠. 최근 LDL콜레스테롤에도 여러 종류가 있다는 것이 밝혀지고 있는데요, 어떤 종류의 LDL은 오히려 건강에 좋다는 거죠. 입자 크기가 크고 솜뭉치처럼 폭신하게 떠다니는 LDL은 좋은 LDL이고, 이것은 코코넛오일, 버터, 계란 노른자, 육류와 같은 포화지방에서 생성됩니다. 실제로 이것은 좋은 LDL로 분류됩니다. 스테이크 중에 특히 목초 사육 고기는 다른 육류보다 좋고요.

– 앵커 : 앳킨스 박사도 『다이어트 혁명』이라는 책에서 로라 기자가

하는 말과 같은 이야기를 하더군요.

– 기자 : 맞습니다. 콜레스테롤 중에 한 가지 나쁜 콜레스테롤이 있는데요. LDL콜레스테롤을 얘기할 때, 크기와 밀도가 중요하다고 말씀드렸죠? 이것들은 비비탄 같은데 염증에 의해 생성됩니다. 염증을 일으키는 주된 음식 2가지는 트랜스지방과 설탕입니다. 트랜스지방은 정말 사악하기 때문에 근처에도 가면 안 됩니다. 트랜스지방은 세포 수준의 가장 근본적인 부분에서 우리 몸을 공격하고, 세포막을 약하게 만들기 때문인데요. 그래서 우리 몸에 들어와서는 안 되는 것들, 예를 들면 바이러스나 세포 밖으로 빠져나가면 안 되는 영양소들도 빠져나갈 수 있는 있는 것이죠.

– 앵커 : 그런데 염증이라는 것은 느낄 수가 없는 건데, 콜라나 펩시를 마시는 걸 말씀하시는데, 설탕 · 시리얼 · 탄산음료 · 케이크 · 파이 · 쿠키도 해당되지요?

– 기자 : 미국인은 1년에 71kg의 설탕을 소비하는데 300년 전 1700년대에는 1년에 3.4kg 정도만 소비했거든요. 우리 몸은 이렇게 많은 설탕을 처리하도록 설계되지 않았어요. 탄산음료 등 우리가 소비하는 설탕의 절반이 '액상과당'이에요. 또 우리가 많이 먹는 것은 다른 정제 탄수화물인 흰 빵, 밀가루인데요. 이런 음식을 먹으면 설탕을 먹는 것과 다를 바가 없어요. 이것들은 트랜스지방처럼 엄청난 염증을 일으킵니다. 트랜스지방이 가장 우려스러운 점은 우리 뇌세포에 영

향을 준다는 겁니다. 최근 오리건 대학의 연구가 나왔는데 이건 제가 6개월 전에 기사를 썼던 내용입니다. 자료는 홈페이지에도 있어요. **트랜스지방을 많이 먹는 사람에서 알츠하이머병 발생이 증가했다는 겁니다. 뇌신경 세포의 세포막이 약해지면 신경세포 간의 신호가 잘 전달될 수 없습니다.** 이제는 트랜스지방이 ADD, ADHD, 자폐증과도 연관되어 있다는 것을 알게 되었죠. 우리는 지난 30년간 자폐증의 폭발적인 증가를 보고 있습니다. 이 기간에 트랜스지방의 폭발적인 소비가 있었죠. 정말 자연적이지 못하죠. 실험실에서 만들어졌고, 우리 몸에 맞지 않습니다.

– 앵커 : 미국인은 콜라, 펩시, 흰 빵, 구운 빵, 트랜스지방에 조리된 트랜스지방에 조리된 감자튀김 이런 것들을 다 먹으면서, 특히 액상과당은 유아식을 포함해서 거의 모든 음식에 다 포함되어 있잖아요? 그래서 비만이 급격히 증가하고 사람들은 죽어 나가고 의료비 지출은 천정부지로 치솟고 있죠. 그런데 왜 정부는 가만히 있는 겁니까?

– 기자 : **로비 때문이라고 생각해요. 액상과당은 옥수수(곡물 업체) 로비가 이끄는데, 아주 영향력이 큰 로비죠. 트랜스지방도 마찬가지입니다. 우리 스스로 단속해야 합니다.** 여가 활동을 즐길 때 특히요. 우리가 TV나 영화를 볼 때 먹는 이 모든 불량식품들, 우리 스스로 걸러내고 단속해야 합니다.

– 앵커 : 저는 Nutra Sweet(아스파탐)을 과용했어요. 몸에 아주 해로운 데도 말이죠. 도널드 럼스펠드가 이런 회사들의 수장이었을 때

Nutra Sweet 연구와 관련해 엄청난 돈을 뿌리며 로비를 했더군요. 입막음이나 압력 행사 목적인지…. 그러고 나서 FDA는 아스파탐을 승인해 주었죠.

– 기자 : 몸에 엄청 해롭죠. 여기 웹사이트에 관련 자료가 있어요. 핵심은 '염증'은 침묵의 살인자라는 겁니다. 염증을 일으키는 것은 트랜스지방, 설탕, 정제 탄수화물, 오메가6 기름이고, 반면에 오메가3와 가공되지 않은 포화지방은 충분히 드셔도 좋습니다. 쉽게 기억하는 방법이 있어요. 신(GOD)이 만들었는지, 생선기름, 코코넛오일은 신이 만든 자연 음식이죠. 하지만 트랜스지방은 실험실에서 인공적으로 만든 겁니다. 액상과당도 마찬가지고요. 아까 말씀하신 아스파탐도 인공적이고, 밀가루, 설탕 등 정제 탄수화물도 인공적으로 만든 것이죠. 곡물에서 섬유질 부분도 벗겨 내기도 했고요. 몸 안에서 이런 음식은 폭발적인 인슐린 분비를 유발합니다. 몸에 해롭습니다.

– 앵커 : 이걸 알아 두셔도 좋겠어요. 저는 매일 아침에 큰 테이블스푼에 오메가3 생선기름을 부어서 2번 먹습니다.

– 기자 : 와우! 그래서 머리가 쌩쌩하신 거군요! 뇌는 70%가 지방으로 되어 있어서, 오메가3 지방이 아주 좋은 건데요. DHA 함량이 750㎎이 되는지 꼭 확인하세요. 정말 좋습니다.

– 앵커 : 여러분도 머리가 좋아지고 싶다면, 오메가3 기름을 드세요.

5장

몸이 기본이다

최고의 명의는 당신 몸 안에 있다

노화와 만성질환, 난치성 질환의 뿌리와 기전, 해결책 대부분은 면역에 있다. 면역력을 약화하는 요인은 크게 7가지로 분류할 수 있다. 몸의 항상성을 유지하는 자연적 힘은 아래와 같다.

① 에너지 순환

② 혈액 순환

③ 림프액 순환

④ 신경 순환

⑤ 뇌척수액 순환

⑥ 대사 순환

⑦ 생체 전기 순환

이 중 하나라도 장애가 발생하면 순환에서 불균형이 발생하는데, 이를 자연치유 이론에선 '7불통'이라고 부르기도 한다. 이런 불균형을 초래하는 요인으로는 유전적 취약성, 영양 불균형, 장내 미생물과 장 누수와 같은 소화기 환경의 변화, 환경 호르몬 등의 오염물질 중독 등이 있다. 자연치유의 목적은 몸이 가지고 있던 본연의 힘을 강화해서 이 불균형을 바로잡는 것이다.

불균형을 바로잡으면 만성 질환을 치유할 수 있는 고리를 잡은 것이나 다름없다. 사람의 면역계는 외부의 바이러스, 유해균과 같은 물질에서 세포를 보호하려 하고, 신경과 내분비계는 공통의 호르몬과 신경전달물질 등을 통해 사람의 정신까지 보호하려 한다. 사실 현대의학이 아직 정복하지 못한 대부분의 질병은 면역 기능 저하로 인한 것이다. 따라서 세계 최고의 명의는 우리 몸속에 있다. 바로 면역[1]이다.

TV 홈쇼핑에서 판매하고 있는 건강보조식품 대부분은 신체의 특정 기능에 좋다면서 제품의 효능을 선전하곤 한다. 하지만 이들이 건강보조식품인 이유는 약처럼 증상을 호전시키지 못하고 매우 미미한 개선율을 보이기 때문이다. 심지어 일반의약품으로 허가받은 치주질환 개선제 '인사돌'의 경우 식약처로부터 연속 벌금을 부과당했는데, 그 효능이 단지 혈액 순환 개선에 있을 뿐 '잇몸 튼튼'과는 전혀 연관이 없었기 때문이다.

면역 시스템이 약화된 상황에서는 건강기능식품이나 사람 몸에 좋다

---

[1] 우리 몸을 스스로 보호하는 방어체계를 면역이라 한다. 우리 몸속에 어떤 병균이 들어와 이에 대한 항체가 생기면 그 항체가 있는 동안은 다시 그 병에 걸리지 않는다. 이런 현상을 면역이라고 하고, 면역은 고등동물이 가지고 있는 생체 방어의 한 수단이며 크게 선천성면역, 후천성면역 두 가지로 나뉜다. 가장 대표적인 면역세포가 백혈구와 포식세포, T세포, B세포, NK세포라고 하는 림프세포가 있다.

는 음식이 아니라 치유에 도움이 되는 방법을 우선 선택해야 한다. 그 이유로 첫째, 현재 대부분의 지구상에서 생산되는 식물의 열매·잎·뿌리 등에서 생성된 영양성분은 50년 전과 비교할 때 약 3~5%의 영양 성분만을 함유하고 있기 때문이다. 따라서 식물로부터 인간이 섭취할 필수 영양성분 상당 부분이 결여되어 있다.

둘째, 환경 파괴와 오염 및 농수산물에 투여되는 비료, 화학 약품 및 인공적 재배·배양으로 농식품엔 이미 영양 측면뿐만 아니라 염색체의 변화, 기형화로 유해 성분이 많아졌기 때문이다.

셋째, 인간이 성장하고 생명을 영위하려면 당연히 세포가 필요로 하는 필수 영양소를 제때에 알맞게 공급해 줘야 하는데, 오염되고 영양이 결핍된 음식으로부터 우리의 세포가 원하는 영양소를 공급하지 못하는 데 있다. 또한 식품으로부터 원하는 성질을 얻기 위해선 해당 식품을 적어도 1톤쯤 먹어 치우는 거인이 되어야 한다. 좋은 성분을 함유한 식품을 장기적으로 먹어서 영양소 불균형을 해결할 수는 있지만, 부족분을 채우기 위해 먹는 방식은 실효성이 없다. 그 성분이 너무 미미하게 들어 있기 때문이다.

따라서 무엇을 먹을까를 고민하는 것보다 무엇을 먹지 말 것인가를 우선 고민해야 한다. 그리고 진단 이후 영양소 불균형을 바로잡을 수 있는 치료를 선택해야 한다. 때로는 비타민 C나 칼륨, 마그네슘과 같이 간단한 복용으로도 몸이 제 기능을 하게 되는 경우도 많다.

※ 면역시스템의 종류

우리 면역은 두 가지, 즉 선천 면역과 후천 면역 체계가 수행하며, 면역세포와 여러 면역 물질이 역할을 수행하고 있다. 면역체계를 1차·2차·3차 면역 단계로 구별할 수도 있다.

(1) 선천성 면역

ⓐ 1차 면역/방어막(점막 면역)

피부 각질층의 피부장벽(세포간 지질 장벽) 및 항균 펩타이드, 호흡기, 위장관, 비뇨기 점막의 방어막(뮤신+점액), IgA

ⓑ 2차 면역/방어막

백혈구, 대식세포, 자연 살상 세포들(Natural killer cell)의 세포벽의 당단백, 당지질 형성, 퍼포린 그랜자임 효소-당단백을 생성하여 적아를 구별하고 살상 기능을 하게 한다.

ⓒ 3차 면역/방어막

혈장당단백질-보체, 염증물질(cytokines 등 단백질)

(2) 후천적(적응성) 면역반응

ⓓ 3차 방어막

– 면역글로불린(항체), 보체도 당단백이다.

항원(바이러스, 세균, 독소)들이 2차 방어막까지 통과하면 후천적 면역반응이 가동된다. 이 과정에서 당화장애가 발생하면 면역력이 떨어지거나 자가면역질환이 발생하게 된다.

스스로 체크하는 면역 진단

세상의 모든 참사는 단번에 일어나지 않는다. 사고를 예고하는 여러 징후가 적어도 100번 이상 발생한다. 질병도 마찬가지다. 질병도 어느 순간 번쩍하고 발생하는 것이 아니라 전조 증상을 보낸다. 다음과 같은 증상이 발현되면 의심해 봐야 한다.

▶ 충분히 잤음에도 피로가 계속된다

잠을 6~8시간 자고 일상생활이 비슷한 경우에도 피로가 풀리지 않고 지속된다면 몸속의 면역력이 떨어졌거나 영양 불균형일 수 있다.

▶ 감기에 자주 걸린다

코비드-19 역시 감기 바이러스인 코로나바이러스의 변형이다. 감기에 자주 걸리는 사람은 면역력이 떨어진 사람이다. 단, 알레르기 비염이나 천식이 있는 경우에는 알레르기 때문에 생길 수 있기 때문에 구별해야 한다.

▶ 피부에 염증이 잘 생긴다

얼굴에 염증이 자주 생기거나 눈 다래끼가 자주 생기면 면역력이 떨어진 상태이거나 인스턴트식품을 자주 섭취한 경우이다. 인스턴트식품은 몸속의 비타민 B 와 비타민 C를 소모시켜 면역력을 떨어뜨리고 염증을 잘 일으킨다. 면역력이 정상인 경우에는 염증 초기에 세균을 없애버리기 때문에 염증이 피부에 나타나지 않는다.

▶ 몸에서 미열이 난다

정상 체온은 섭씨 37도 정도이다. 미열 기준은 이보다 약 0.5도 정도 높은 경우를 말한다. 몸에서 미열이 일주일에 2~3회 정도 자주 난다는 것은 몸속 어디에선가 염증 반응이 있다는 것을 의미한다. 즉시 제거되지 못한 세균이나 바이러스가 몸속에 있기 때문에 이것들을 제거하기 위해서 약해진 면역세포가 계속 싸우고 있기 때문이다. 습관성 음주 역시 다음 날까지 미열을 지속시킬 수 있다.

▶ 다크 서클이 심해진다

눈 아래 다크 서클은 알레르기 질환 또는 잠을 충분히 못 자거나, 혈액 순환이 잘 안될 경우에 생긴다. 수면 부족이나 혈액 순환이 잘 안되면 면역력이 떨어진다.

▶ 입안이 자주 헌다

입안에는 항상 수많은 세균이나 바이러스가 존재한다. 면역력이 떨어지거나 영양이 부족하면 세균이나 바이러스가 입안에 염증을 일으켜서 입안이 자주 헐게 된다.

▶ 체력이 떨어진다

평상시보다 기운이 없고 체력이 떨어진 것은 운동 부족이나 면역력이 저하된 상태이다. 매일 조금씩이라도 운동이나 스트레칭을 해야 우리 몸의 체력이 유지된다. 또한 성인도 성장호르몬이 필요한데 성장호르몬 부족도 체력을 떨어뜨리고 근 손실을 초래한다.

▶ 입 주위에 물집이 자주 생긴다

입 주위나 다른 신체 부위에 자주 좁쌀만 한 물집이 발생하는 것은 단순포진에 의한 염증이다. 단순포진은 면역력이 떨어지거나 과도한 피로로 인하여 잘 발생한다.

▶ 잦은 배탈 및 설사

장 속에는 100조 마리의 세균이 살고 있는데 유익균과 유해균의 비율은 약 85 대 15 정도가 적당하다. 유해균이 증가하면 면역세포가 줄어들고 면역력이 저하되어 배탈이나 설사가 자주 일어난다. 면역 세포가 70% 이상 있는 장 건강을 지키는 것이 중요한데 유익균(Probiotics)과 유익균의 먹이(Prebiotics)를 동시에 섭취하는 것이 장 건강을 지키는 비결의 하나이다.

▶ 대상포진이 자주 걸린다

대상포진은 어릴 때 수두를 앓고 난 사람이나 면역력이 저하된 사람이 잘 걸린다. 수두 바이러스, 단순포진 바이러스, 대상포진 바이러스는 같은 헤르페스(Herpes) 바이러스이지만 증상이 다를 뿐이다. 어릴 때 수두를 앓은 사람은 헤르페스 바이러스가 척추 신경절에 숨어 있다가 면역력이 떨어지면 질병을 일으키곤 한다.

대상포진 초기 증상은 피부에 작은 수포가 발생하기 3~4일 전부터 몸의 한쪽 피부에 이유 없이 바늘로 찌르는 듯한 통증이 발생한다. 대상포진 증상으로 3~4일 후에 수포가 나타나게 된다. 특히 안면에 생길 경우 눈의 각막에 침투하게 되면 커다란 후유증이 생길 수 있고, 대상포진은 신경에 침투하여 염증을 일으키기 때문에 치료를 빨리 받지 않으면 대상포진 후유증으로 인한 신경통으로 1년 이상 고생할 수 있다.

※ 면역력 검사 방법

면역력 검사는 대개 혈액 검사로 한다. 혈액 검사에서는 면역계의 주요 세포인 백혈구와 면역글로불린(IgG, IgM, IgA 등)의 수치를 측정한다. 이를 통해 면역력이 어느 정도인지 파악한다. 면역력 검사는 일반적으로 병원이나 검사소에서 받을 수 있는데, 검사 전에는 음식물 섭취나 운동 등 일부 제한 사항이 있을 수 있으니, 검사를 실시하기 전에 의사나 검사 전담자에게 상세한 안내를 받는 것이 좋다.

또한, 면역력 검사 결과는 단순히 숫자로만 확정하는 것이 아니다. 해당 검사를 실시하는 병원이나 검사소에서 상담받고 향후 프로그램을 수립하는 것이 좋다.

당신이 잠든 사이 벌어지는 일들

　병들고 망가진 세포와 염증을 치유하고, 깨고 나면 지방 분해까지 활성화하는 방법이 있다면. 그래서 비만에서도 벗어나고 깨끗한 몸을 매일 아침 얻을 수 있다면 어떨까. 미래 SF 영화에 나오는 치료 기술이 아니다. 실제로 사람 몸에 이러한 기능이 있다. 바로 '잠'이다.

　사람의 면역세포는 주로 밤에 활동한다. 인간의 몸은 스스로 손상된 세포를 제거하고 새로운 세포를 생성하여 돌연변이가 생기는 것을 방어한다. 이 과정은 잠을 자면서 전개되고 이 활동이 가장 활발해지는 시간대가 새벽 1~2시이다. 신경세포의 재생도 숙면 중에 활성화된다. 그

러니 이 시간 이전에 반드시 잠에 들어야 한다. 따라서 적어도 11시 이전에는 잠자리에 들 것을 권한다. 자는 동안에는 바이러스 감염 세포를 제거하는 백혈구 T세포의 공격 능력이 높아지고 면역세포가 증가하며 스트레스 호르몬이 줄어든다.

잠은 암 사망률과도 연관이 있다. 고대안산병원이 18년 동안 코호트 추적 연구를 했는데, 16분에서 30분 사이에 잠드는 사람의 암 사망률이 가장 낮았고, 일주일에 3번 이상 잠드는 시간이 30분을 넘으면 암 사망 위험이 2.74배, 반대로 15분 이내에 잠드는 것도 56% 높아지는 것으로 나타났다. 입면 과정을 정확하게 밟아 주는 호르몬이 바로 멜라토닌인데, 유방암·전립선암 등을 예방하는 항암제 역할도 한다. 그래서 입면 과정이 깨지면 멜라토닌의 활동도 방해받아 그만큼 암 위험도 커진다.

멜라토닌은 낮의 햇빛과 밤의 어둠으로 촉진되는데, 인공조명 없이 캠핑 생활을 하는 것만으로 3일 만에 망가진 수면 패턴을 회복한 이들이 많다. 아침볕을 커튼으로 가리지 말라는 말도 같은 맥락이다.

공복 상태에서 잠들라

그런데 침대에 눕는다고 몸 안의 면역 활동이 활성화되는 것이 아니다. 늦은 저녁을 먹었거나, 술과 안주 등을 먹고 그대로 잠들면 그때부터 몸은 면역 작용은커녕 소화를 위해 거의 모든 장기를 활성화한다. 혈중 포도당을 처리하기 위해 간과 췌장이 인슐린 분비를 해야 하고, 소장과 대장 또한 끝없이 움직여야 한다.

소화 과정에서 몸에 약간의 미열이 발생하기 마련인데, 이 미열로 인해 숙면에 들지 못한다. 음주를 했을 경우 자주 화장실에 가야 해서 수면의 질은 더욱 떨어진다. 공복 상태에서 불면증에 시달려도 인슐린 분비는 활성화된다. 밥 먹고 바로 자거나 음주하고 자는 행동은 몸속 염증을 키우는 지름길이며 비만과 당뇨, 심혈관 질환을 불러오는 주범이기도 하다.

취침 최소 4시간 전에는 음식물 섭취를 중단하는 것이 좋다. 카페인 음료의 경우 몸의 민감성에 따라 오전을 끝으로 섭취하지 않은 것이 좋다. 보통 커피 카페인의 반감기(성분이 절반으로 분해되는 시간)가 성인 기준 5시간이며, 모두 몸에서 배출되는 데에는 10시간 이상이 필요하다. 그래서 공복 취침 상태에서만이 장기가 소화를 위해 진을 빼지 않고 오직 면역 활성화와 세포 청소에만 전념할 수 있다. 자기 3시간 전부터 집 공간의 밝기를 어둡게 하고 TV와 스마트 폰 등 눈과 뇌에 자극을 주는 행동을 하지 않는 것이 좋다.

7시간 숙면과 20분 낮잠

수면 시간이 5시간 이하이거나 10시간 이상인 경우에 통계적으로 사망률이 30~50% 증가한다는 발표가 있다. 즉, 적당한 숙면을 취하는 것이 꼭 필요하다. 낮잠을 20~30분간 자는 것도 몸에 활력을 얻고 업무 집중력을 높이는 데 큰 도움을 준다. 또 숙면 중에 인슐린은 근육을 합성하기도 한다.

간헐적 단식과 자가포식

최근 주목받고 있는 의학적 개념 중 하나가 바로 '오토파지 (Autophagy)'라는 것이다. 그리스어를 그대로 해석하면 "스스로 먹어 치운다."는 뜻이다. 즉 세포가 살아가면서 외부에서의 에너지 공급이 부족해졌다고 판단할 때 불필요한 세포의 구성 성분, 죽은 세포 조각과 독성 단백질을 먹어서 영양분으로 재활용한다는 것이다. 1962년 벨기에 과학자 크리스티앙 드 뒤브(Christian du Duve)가 '오토파지'라는 이름을 사용하기 시작했고, 이후 1988년 일본 오스미 요시노리 교수가 세포의 자가포식 메커니즘을 밝혀 2016년 노벨상(생리의학상)을 받았다.

그런데 이 오토파지가 활성화되는 시점은 공복 후 14시간 무렵부터였다. 우리 세포는 평소에도 혈관 청소를 하지만 에너지가 부족한 공복 상태에서 더 활발하게 세포 찌꺼기를 먹어 삼켰다. 또한 기상 후에도 공복 시간을 일정 유지했을 때 세포가 흡수할 포도당이 떨어지면 체지방을 분해해서 에너지원으로 사용했다.

단식이 진행될수록 체지방을 분해해서 에너지로 사용하는 비율은 높아졌다. 건강을 해치지 않으면서도 이 효과가 가장 좋았던 시점은 단식 5일차였다. 연구자들은 간헐적 단식을 했을 때 단백질 분해 등의 근 손실도 함께 일어나지 않을까 염려했지만, 정상적인 일상생활을 하는 이들의 몸에선 오직 지방만 분해되었고 근 손실도 일어나지 않았다.

이 효과를 크게 얻고자 하는 이들은 주로 16시간 공복과 8시간 활동, 2끼 식사를 한다. 저녁을 6시에 마감하고 11시에 잠들어 다음 날 아침을 굶고 정오경에 첫 끼를 먹는 패턴이다. 하지만 자기 몸에 맞게 조절해도 효과를 볼 수 있다. 12시간 공복을 지키고 아침을 가볍게 먹고 점심, 저녁을 잘 챙겨 먹어도 체지방 감량과 혈압 안정화, 인슐린 저하 등의 효과를 볼 수 있다.

주말에 24시간 금식을 하는 이들도 있다. 금요일 저녁 7시에 밥을 먹고 토요일 저녁 7시에 다음 첫 끼를 먹는 방식이다. 이를 '간헐적 단식'이라고도 하고 '칼로리 제한 급식'이라고도 하는데, 명칭이야 어찌 되었든 공복 취침을 보장하고 공복 시간을 늘려 몸의 면역력을 강화하는 개념이다.

간이 쉬면 인슐린도 잦아든다

당연한 말이겠지만 공복 상태를 오래 가져가면 혈당 수치는 떨어지며, 인슐린 수치 또한 떨어진다. 16시간 공복을 유지하면 쉴 새 없이 인슐린을 분비하고 이 과도한 인슐린에 내성이 생긴 간과 췌장이 쉴 수 있는 시간을 얻게 된다. 이 과정이 반복되면 인슐린 수치가 떨어지고 혈당도 잡히기 시작한다. 인슐린이 안정화되었을 때, 우리 몸은 비로소 인슐린과 혈당을 세포 속으로 받아들여 인슐린 수치를 떨어뜨리기 때문이다.

만성 당뇨 환자 중 가장 불행한 생활 습관이 고혈당과 저혈당을 반복해서 자다가도 저혈당 증상에 놀라 허겁지겁 믹스 커피나 라면을 먹고 나서야 잠에 드는 경우다. 인슐린 조절 기능이 더욱 망가질 수밖에 없다. 이로 인해 숙면을 취하지 못하게 되면 우리 뇌는 계속 높은 혈당을 유지하라고 명령한다. 이 과정에서 코티졸이라는 스트레스 호르몬이 분비되고, 배고픔에 민감하게 반응하는 호르몬이 강화된다. 단당과 탄수화물에 대한 욕구가 더욱 높아지는 메커니즘이다.

이때, 탄수화물(당) 제한식과 오메가3, 미네랄 보충제 등을 통해 1년 이상을 관리한다면 거의 모든 지표가 정상으로 돌아온다. 분명한 것은 공복 취침과 간헐적 단식이 당뇨 치유에 결정적인 전기를 제공할 수 있다. 이로 인해 얻는 고혈압 치료와 동맥경화의 완화는 덤으로 얻는 선물이다. 간헐적 단식이 혈당과 인슐린 조절에 큰 효과를 주는 것은 사실이다. 하지만 이것만으로 완치에 이를 순 없다. 아침 공복 상태에 당질이 많은 음식을 급하게 먹으면 다시 혈당이 치솟고 이 경우 혈관 염증으로 인해 당뇨는 지속된다.

삼시 세끼를 다 먹어야 건강에 좋다는 통념은 산업혁명 이후 자리 잡았다. 14시간 이상 노동해야 했던 노동자들이 2끼만 먹어선 제대로 힘을 쓰지 못했기 때문이다. 하지만 인류는 유사 이래 3끼를 다 먹어 본 적이 없다. 사람 몸이 진화를 거치며 그렇게 설계되지 않았기 때문이다. 현대인이 섭취하는 칼로리와 음식의 질 역시 과거와 다르다. 밀과 쌀은 모두 GMO 변형으로 정제되어 쉽게 당으로 전환될 수 있는 품종으로 개량되었으며, 과일 또한 1950년 무렵에 비해 3~4배 이상 많은 당을 함유하도록 개량되었다.

당분이 부족했던 수렵 채취 시대에 단 과일을 만나면 무조건 먹어서 에너지원으로 사용했던 고대 인류의 DNA는 변하지 않았다. 그런데 생존에 필요한 음식이 풍부해지고 각종 가공식품과 과당이 들어간 음료, 조미료가 넘쳐나게 되었다. 간과 췌장, 신장이 대사를 통해 지방을 분해하고 근육을 생성하고 피를 맑게 해 주기엔 몸에 들어오는 해로운 음식이 너무 많아졌다.

긴 공복 시간을 가지는 것은 몸의 대사 기능을 정상으로 돌려 건강을 회복하는 가장 효과적인 방법이다. 앞서('탄수화물 60%가 균형 잡힌 식단일까'편 참조) 설명했던 유럽 간 연구협회의 연구 결과를 다시 생각해 보자. 해당 연구는 지방간 환자들에게 일반식단, 주 2회의 칼로리 제한 단식, 그리고 칼로리 제한 없는 지방 섭취 프로그램을 비교했다. 그 결과 주 2회의 간헐적 단식과 지방 섭취 식단이 감량과 지방간 감소에 뛰어난 효과를 보였다.

그런데 간헐적 단식의 효능은 감량과 체지방 분해에만 있지 않았다. 2020년 중국과 스웨덴 연구팀은 당뇨에 걸린 쥐에게 열량 식이 제한을 실시했다(네이처 커뮤니케이션지). 24시간 단식 프로그램이었기에 당뇨병이 있는 인간에게는 해당 실험을 적용할 수 없었다. 그 결과 50%에서 많게는 3배까지 수명이 연장되었고, 체중이 줄고 당 수치 역시 안정화되었다. 연구진은 쥐를 위해 설계된 작은 수영장에 해당 실험군을 넣어 얼마나 빨리 물에서 벗어나는 길을 찾는가에 대한 실험도 했는데, 간헐적 단식군이 단연 우월했다.

원인을 알아보기 위해 정밀 조사했는데, 간헐적 단식을 한 쥐의 뇌 시냅스 구조가 개선되고 새로운 줄기세포가 생성되었으며, 신경전달 물질의 민감성이 회복되었다. 내장을 조사하자, 당뇨로 얇아졌던 장의 융

털과 장 근육까지 회복된 것을 확인했다. 장벽이 두꺼우면 장내 염증 물질이 혈액으로 새어 나가는 것을 막아 혈액내독소(LPS)를 감소시키는 데 이로 인해 장내 유익균과 미생물 다양성이 증가했다. 하지만 이 모든 긍정적인 효과를 단번에 무력화시키는 방법이 있었는데, 그건 바로 항생제의 투입이었다. 항생제가 투입되자마자 이 모든 긍정적 지표들이 사라졌다.

이후 이뤄진 사람에 대한 임상에선 간헐적 단식은 항염증 효과가 있는 페칼리박테리움을 생성하고 혈당을 안정화하는 것으로 확인되었다. 이 실험 결과는 간헐적 단식이 사람의 대사 질환과 뇌 질환을 개선하고 항노화 작용을 얻을 수 있다는 희망을 주었다. 현재 세계 바이오 업계에서 가장 뜨거운 테마가 바로 단식을 통한 대사와 뇌 신경세포의 회복이다.

6장

먹은 것이 내가 된다

면역을 높이는 영양 치유

아래 소개하는 식품들은 면역 기능을 강화하고, 적당량을 먹었을 때 몸 치유의 효능이 있는 것들이다. 다만 본인에게 당뇨나 수면장애 등의 증상이 있는 경우 살펴서 섭취해야 한다. 가령 양파는 염증 반응을 줄여 주고 혈액 순환 개선에 효과가 있지만, 당뇨 유병자의 경우 급격하게 혈당을 올리는 대표적인 식물군으로 분류되어 있다. 고구마와 감귤류 등의 단 과일 역시 마찬가지다. 요거트 등을 섭취하면 장내 유익균의 증식에 도움이 되지만, 유당이 함유된 있는 제품은 피하는 것이 좋다. 키위의 경우 혈류 개선 약(항응고제)을 먹고 있는 환자나 위장 장애를 앓는 이에겐 좋지 않다. 소위 시중에서 유행하는 '해독 주스' 같은 것을 따라 한답시고 각종 과일을 섞어 만든 주스를 마시다 건강을 망치는 환우들을 많이 보았다.

가공하지 않은 식물은 대체로 옳다

야채, 과일, 견과류, 씨앗, 콩과 같은 식물성 식품에는 영양소와 항산화제가 풍부하여 질병에 대한 면역성을 높인다. 식물성의 항산화제는 체내에 높은 수치로 축적된 염증을 유발할 수 있는 자유 라디칼 화합물과 싸워 염증을 줄여 주는 효과가 있다. 과일과 채소에는 비타민 C와 같은 풍부한 영양소가 들어 있어 감기에 대한 면역을 높여 주고 감기도 빨리 나을 수 있다. 나이가 들어갈수록 체내 비타민 합성 능력이 매우 떨어져 이러한 채소와 과일을 많이 먹어야 한다. 다만 유병자의 경우 의사와 상의하여 비타민제를 선별해 복용해야 한다.

시금치, 양배추 같은 녹색 채소에 함유된 많은 질산염이 혈관을 수축·팽창하도록 만드는 일산화질소로 바꾸어 혈관을 확장시키고 혈액순환을 개선한다. 녹색 채소 섭취는 혈중 지질 성분이 과도해지지 않게 돕고 식이섬유가 풍부해 대변량을 늘리고 장 속에 오래 머무르며 지방 성분을 몸 밖으로 배출한다. 몸속에 일산화질소가 많으면 심혈관계 질환 발생률이 낮다는 보고가 있다.

달고 짜지 않은 발효식품을 먹어라

다양한 발효식품들이 있다. 프로바이오틱스가 들어 있는 발효식품엔 박테리아가 풍부하게 들어 있다. 유산균이 많이 들어 있는 제품으로는 요구르트, 삭힌 양배추, 김치, 낫토 등이 포함된다. 이러한 발효식품은 장 건강과 면역력을 높이고 유해한 병원체를 식별하고 표적화하는 데 도움을 줘서 면역체계를 강화한다. 다만 시중 마트에서 판매하는 요거트 제품 중 순수 무당 요거트를 선택하는 것이 현명하다. 김치와 장아

찌 역시 유산균이 풍부한 식품이지만, 지나치게 많이 섭취해서 탄수화물(포도당)과 나트륨 섭취가 과잉되지 않도록 주의해야 한다.

혈액 순환에 좋은 음식

▶ 양파

우리가 쉽게 자주 먹는 양파에는 폴라보노이드 항산화 물질을 포함하고 동맥과 정맥 혈관을 확장시켜 혈액 순환에 좋다. 항염증 기능이 있어 염증 반응을 줄이고 혈전 방지 효과도 있다. 단, 당뇨 유병자의 경우 섭취량을 줄이는 것이 좋다.

▶ 감귤류

귤, 오렌지, 레몬 같은 감귤류에는 플라보노이드 항산화 물질이 많이 들어 있다. 이는 일산화질소를 만들어 혈관을 확장시키고 항염증 효과가 있어 굳은 동맥을 부드럽게 해 주며 혈압을 낮춰 준다. 감귤류의 흰 섬유질에 많은 비타민 P는 모세혈관을 매끈하게 만들어 혈액이 잘 흐르게 도와준다. 이 역시 당뇨나 심혈관 질환을 앓는 이는 피하는 것이 좋다.

▶ 호두

아르기닌, ALA, 비타민 E 등이 일산화질소의 생성 자극에 도움을 주어 특히 당뇨병 환자의 혈류 개선에 효과적이다. 오메가3 지방산 역시 당뇨 예방에 도움이 된다. 단, 하루 6개 이상을 먹지 않도록 한다.

면역에 좋은 12가지 음식

면역력을 높이기 위해서는 다양한 영양소가 포함된 식품을 균형 있게 먹는 것이 중요하다. 그중에서도 특히 면역력에 좋은 음식 12가지를 소개하면 다음과 같다.

▶ 브로콜리

브로콜리에는 비타민 C, 카로티노이드, 루테인, 셀레늄 등이 풍부하게 함유되어 있어서 면역력을 높이는 데 효과적이다.

▶ 녹차

녹차에는 폴리페놀, 카테킨, 카페인 등이 함유되어 있어서 면역력을 높이는 데 효과적이다. 또한, 녹차에는 EGCG라는 성분이 함유되어 있어서 항산화 작용에 도움을 준다. 녹차에도 카페인이 있지만 커피에 비하면 매우 경미한 수준이고, 또 찻물의 온도가 커피보다 뜨겁지 않아서 카페인의 효과도 떨어진다.

▶ 블루베리

블루베리에는 안토시아닌, 폴리페놀, 비타민 C, 카로티노이드 등이 풍부하게 함유되어 있어서 면역력을 높이는 데 효과적이다.

▶ 양파

양파에는 카로티노이드, 퀘르세틴, 알리신 등이 함유되어 있어서 면역력을 높이는 데 효과적이다.

▶ 고구마

고구마에는 베타카로틴, 비타민 C, 칼륨, 식이섬유 등이 함유되어 있어서 면역력을 높이는 데 효과적이다.

▶ 생강

생강에는 징크, 카테킨 등이 함유되어 있어서 면역력을 높이는 데 효과적이다. 또한, 생강은 항염에도 효과가 있어 감기나 독감 예방에도 좋다.

▶ 키위

키위에는 비타민 C, 카로티노이드, 폴리페놀 등이 함유되어 있어서 면역력을 높이는 데 좋다.

▶ 도라지

섬유질이 많고 비타민과 무기질이 풍부한 알칼리성 식품으로 알려진 도라지 속 사포닌은 기침·가래·염증을 완화시켜 주고 기관지 및 호흡기 건강에 좋은 면역을 조절, 골관절염 및 혈행 개선, 혈당 조절과 체내 콜레스테롤 수준을 낮추는 기능을 한다.

▶ 달래

무기성분, 아미노산 및 비타민이 풍부 면역력을 높여 주는 비타민 A, 신경계를 안정시키며 스트레스를 풀어 주는 비타민 B1과 B2, 체내 유해성분인 활성산소를 제거하는 비타민 C의 함량이 많고 성장 발육 및 노화 방지에 좋은 니아신 등의 비타민이 풍부하다.

▶ 미나리

칼륨이 많이 함유되어 있어 체내의 중금속과 나트륨 등의 해로운 성분을 배출하는 데 이롭다. 특히 커피 등을 자주 마실 경우 몸속 마그네슘과 칼륨도 자연히 배출되는데, 이 경우 미나리를 먹으면 좋다. 비타민과 무기질이 풍부하게 함유된 알칼리성 식품으로 알려진 미나리는 고지방 식단으로 인해 산성화된 체질을 중화하는 효과와 함께 월경불순, 간경화 및 고혈압 등의 생활 습관병 예방과 치료에 도움이 된다.

▶ 마늘

비타민 B가 풍부하게 들어 있어 인체의 에너지 대사를 원활하게 돕고 스트레스로 인한 피로 개선에 좋다. 황화합물로 알린과 스코르디닌이 있어 면역 조절에도 효과가 있으며 자연 살해 세포의 활성과 면역 글로불린의 증가에 영향을 주어 면역력을 증진시키는 효과가 있다.

▶ 비트

면역력에 좋은 음식 중에서도 비트라는 것이 있는데 해당 음식은 우리 몸에 다양한 효능을 제공하는 것으로도 유명하다. 비트 효능 5가지를 정리하면 다음과 같다.

① 혈압 조절

② 콜레스테롤 관리: 특정 범주를 넘어서면 몸에 해로운 LDL 콜레스테롤 수치 감소에 도움이 된다.

③ 소화 촉진: 비트에는 식이섬유가 풍부하다. 풍부한 식이섬유는 장내 노폐물이 쌓이는 것을 방지하고 장 건강에 이로운 박테리아 증식에 도움을 준다.

④ 두뇌 건강: 나이 들수록 기억력 감퇴 등의 문제가 생긴다. 비트는 인지 기능을 높이고 치매 위험을 낮추는 효능이 있다는 연구 결과가 있다.

⑤ 항암 작용: 비트에는 항산화 성분이 풍부해 암 예방에 도움이 된다.

보충제로 면역력 높이기

의사와 상담 후 자신에게 필요한 보충제를 챙겨 먹는 것도 부족한 면역력을 높이는 데 도움이 된다.

▶ 비타민 C 1,000㎎을 매일 복용한다

특히 만성위축성위염이 있는 환자는 위암으로 발전할 수 있기 때문에 식후 바로 비타민 C를 섭취하는 것이 음식 속의 발암 물질을 억제하는 데 도움이 되고 신장 결석이나 통풍이 없는 경우 하루 3회 복용하는 것이 더 도움이 된다.

▶ 장 건강을 튼튼히 한다

면역세포의 70% 이상이 장에 존재한다. 장 건강이 본인의 건강 나이라고 할 수 있다. 장에는 100~1,000 종류의 세균이 100조 마리가량 살고 있는데, 우리가 섭취할 수 있는 식약처가 인정한 유익균은 약 19종류이다. 유익균은 나이가 들수록 줄어들기 때문에 모자란 유익균을 매일 보충해 주는 것이 필요하다.

유익균만 섭취하면 장내에 존재하는 100조 마리의 세균에 의해서 유익균이 거의 다 사멸되기 때문에 유익균의 수호천사인 유익균의 먹이 프리바이오틱스를 동시에 섭취하면 장내 환경을 유익균이 좋아하는 약한 산성 상태로 만들어서 유해균의 증식도 억제한다.

※ 오메가3 지방산 섭취를 늘려라

오메가3 지방산은 고밀도 콜레스테롤 HDL 수치를 높이고 염증으로부터 혈관을 보호하고 혈전이 생기는 것을 방지하여 혈액 순환 개선 효과가 있다. 오메가3가 풍부한 음식은 고등어, 삼치, 꽁치 등 푸른 생선이다. 올리브 오일과 연어 등에서 나오는 오일, 즉 오메가3 지방산은 염증을 감소시키고 병원체에 대한 신체의 면역 반응을 높인다. 오메가3는 만성 염증 면역체계를 억제한다.

특히 오메가6는 주로 트랜스지방과 식물성 씨앗 기름 섭취로 인해 발생하는데, 과섭취 시 염증을 유발하고 대사 장애를 불러온다. 오메가3와 오메가6는 상극 관계로, 오메가3가 증가하면 오메가6는 줄어든다.

운동과 수분 섭취가 면역에 미치는 영향

적절한 운동을 하면 면역이 강화된다는 연구 결과는 차고도 넘친다. 굳이 전문가들의 연구 결과가 아니더라도, 식사와 운동을 통해 질병을 극복하고 몸을 치유했다는 사례는 많다. 에너지를 온전히 소비하는 몸 활동이야말로 21세기 인류가 진화 과정에서 놓쳐 버린 대표적인 생활 습관이다. 인류의 DNA는 애초에 적게 먹고 해가 뜨면 많이 움직이고, 해가 지면 자도록 설계되었다. 현대인이 앓고 있는 거의 모든 질병은 음식을 과잉 섭취하고, 움직이지 않아서 생긴다. 운동은 면역 체계를 강화하며 손상된 면역력도 복원한다. 규칙적인 운동은 염증을 줄이고, 면역 세포의 재생에도 큰 도움을 준다.

몸의 적정 체온은 36.5~37도 사이다. 체온이 0.5도만 떨어져도 추위를 느끼게 되고, 근육이 긴장하며 혈관은 수축해 혈류량을 줄인다. 또 혈액 순환과 신진대사에 장애가 생기면서 호흡과 소화 기능은 떨어지고 호르몬의 균형이 깨진다. 체온이 더 떨어져 35도가 되면 몸이 떨리면서 오한을 느끼게 되고 피부는 창백해진다. 체온이 1도 떨어지면 면역력이 30% 감소할 수 있다는 연구 결과가 있다.

반대로 체온이 올라 39.6도 이상이 되면 심장박동이 빨라지면서 혈류량이 늘어난다. 열 생산량이 늘면서 우리 몸은 체온의 항상성(恒常性)을 위해 열에너지를 방출한다. 적정 체온인 36.5~37도일 때 신진대사에 관여하는 효소들이 가장 활발하게 움직인다. 흥미로운 점은 체온이 낮은 사람이 몸을 따뜻하게 해서 36.5~37도까지 체온을 올리면 면역력에 관여하는 림프구의 숫자도 늘어난다. 체온이 올라가면 면역력도 향상된다는 게 연구자들의 주장이다.

그렇다고 무작정 고온을 유지해야 암세포를 퇴치하거나 면역에 좋다는 미신은 버려야 한다. 항암 보조요법으로 사용하는 고주파 온열 치료는 통상 50분을 넘지 않도록 하고 있으며, 2시간 온열 치료 시에는 환자의 체온·호흡·혈압을 매우 세심하게 체크해야 한다.

햇볕이 비타민 D를 합성시킨다는 이유로 오랜 시간 고온에 노출하면 몸은 자연히 더 많은 산소량을 요구하게 된다. 이때 산소 공급을 해 주지 못하면 뇌세포와 단백질세포가 파괴되기 시작한다. 따라서 적정 체온을 유지하되, 운동을 통해 혈액 순환과 대사 기능의 순기능을 깨울 수 있도록 하는 것이 좋다. 특히 베란다 유리를 통과한 햇볕을 쬐는 것은 쓸모없다. 비타민 D를 만드는 자외선 파장 UVB는 유리를 통과하지 못하기 때문이다.

적절한 운동량은 개인의 건강 상태에 따라 달라질 수 있다. 세계보건기구와 질병통제예방센터(CDC)는 건강한 성인 기준 최소 주 3회에 걸쳐 150분 정도의 중강도 유산소 운동을 하고, 75분 정도의 고강도 유산소 운동을 할 것을 권장하고 있다. 산책과 유산소 운동을 혼동하는 경우도 많다. 저녁 식후 20분 집 근처 천변을 걷는 사람이 많은데, 물론 좋은 일이다. 하지만 유산소 운동의 효과를 제대로 보려면 옆 사람과 간단히 대화는 주고받지만 노래는 부를 수 없는 속도로 걸어서 몸에서 땀이 나올 정도여야 한다.

만약 감량을 위해 운동한다면 빠른 걸음과 뜀걸음을 반복하는 것이 좋다. 뛰다 숨이 차면 빠르게 걷다 다시 뛰는 방법이다. 어슬렁거리며 걷는 것은 소화에 도움을 주지만, 감량에는 효율이 떨어진다. 물론 안 하는 것보다 하는 것이 좋다. 운동 종류에 따른 효능만을 따진다면 달리기가 가장 좋다. 하지만 과체중이거나 근골격계 질환 등을 가지고 있다면 약간 숨이 찰 정도로만 운동하는 습관을 들이는 것이 좋다. 시간이 지나면 동일한 속도와 거리로 운동해도 호흡을 편하게 할 수 있게 된다. 이때부터 점차 운동 강도를 높이면 좋다.

또한 일주일에 최소 2일 정도 근 강화 운동을 하되, 강한 트레이닝을 했다면 운동 후 이틀은 파괴된 근육 세포가 재합성되고 치유되는 시간을 가질 것을 권하고 있다. 그런데 운동에 대한 결심은 쉽게 할 수 있어도 우리나라에선 기후가 방해 요인이 되기도 한다. 사계절이 뚜렷해 봄의 미세먼지, 여름의 긴 장마와 더위, 겨울의 혹한이 반복되어 야외 활동이 위축되곤 한다. 따라서 이 시기엔 집에서도 할 수 있는 각종 스트레칭과 근력 운동 등을 병행하는 것이 좋다. 본인의 의지가 약한 편이라고 생각된다면 피트니스 센터에서 정기적으로 트레이닝을 하는 것이 좋다.

규칙적인 운동은 심혈관 건강을 개선하여 심장 질환의 위험을 줄인다. 운동은 심장을 강화하고, 혈압·콜레스테롤·염증을 감소시켜 심혈관계 건강을 증진한다. 인슐린 감수성과 포도당 대사를 개선해서 당뇨를 예방하거나 혈당 수치를 낮춰 대사에 좋은 영향을 미친다. 특히 당뇨 유병자의 경우 식후 20분간 가벼운 운동을 통해 혈당을 관리하는 것이 좋다.

또 규칙적인 운동은 대장암, 유방암, 자궁내막암을 포함한 특정 유형의 암 위험을 줄이는 것으로 보고되었다. 규칙적인 운동은 염증을 줄이고 면역 기능을 개선하는 데 도움이 되며, 이 두 가지 모두 암 예방에 중요한 역할을 한다. 운동은 치매 위험을 줄이고 인지 기능을 개선하는 데도 도움이 된다. 사실 운동이 주는 긍정적인 효과를 셀 수 없을 정도다.

잘못된 운동으로 건강을 해치는 경우도 많다. 한국인은 유독 산을 좋아하고 등산 인구도 둘째가라면 서러울 정도로 많은 편이다. 하지만 건강을 위해 등산하고 내려와서 폭식과 과음을 하면서 오히려 건강을 망치는 경우도 많다. 고된 등산으로 몸에 수분이 부족한 상태에서 술을 밀어 넣는 식이다. 몸에 피로 물질인 젖산은 알코올을 만나면 그대로 축적되어 만성적인 피로감을 줄 수 있다.

과체중이거나 아직 인대와 근육이 단련되지 않은 상태에서의 달리기와 무리한 등산은 인대와 관절 부상으로 이어져 아예 운동하지 못할 수도 있다. 특히 하산 시 가벼운 마음으로 걷다 무릎 관절이 망가져 부상으로 이어지는 경우가 많다. 관절 부상으로 운동을 하지 못하게 되면 부상 이전보다 건강이 악화되는 경우가 많다. 따라서 자신의 준비 정도에 걸맞게 운동 코스를 선별하는 것도 중요하다.

카페인 · 과당이 들어간 음료 대신 물을 마셔라

하루에 적당히 물을 먹으면 건강에 매우 좋다. 하지만 현대인은 물 대신 탄산수나 커피, 주스 같은 것을 섭취해서 대사를 망치는 경우가 허다하다. 물을 충분히 섭취해야 혈액 순환이 잘되고 면역력을 유지할 수 있다. 물이 부족해지면 혈액이 끈끈해져 혈액 순환이 더디게 되고 신진대사가 느려지며 면역력도 떨어진다.

자신의 몸무게 킬로그램당 30㎖가 적당하고 항상 물을 지참하는 것이 좋다. 맹물을 먹기 힘든 경우에는 우롱차, 보리차, 도라지차 등을 연하게 만들어서 가지고 다닌다. 수분이 적당하지 않으면, 신체활동, 집중력, 기분, 소화, 심장 및 신장 기능을 방해하고, 탈수는 질병에 더 취약하게 만든다. 자는 동안에는 특히 수분 섭취가 불가능하기에 체내 수분이 부족해서 혈액 순환이 더뎌진다. 따라서 아침에 기상하자마자 미지근한 물 한 잔을 마시는 것이 좋다.

암세포는 이상단백질이라 불리는 일종의 독성 물질을 뿜어내고, 체내의 면역 세포는 이를 찾아내 공격한다. 이 기능을 강화하면 돌연변이 세포를 제거하는 데 도움이 된다. 이 기능을 가장 잘 돕는 물질 중 하나가 바로 물이다. 물은 체내의 나쁜 요소를 씻어 내어 정화하는 데 일등 공신이라고 볼 수 있다.

굶주린 토양과 비타민 섭취

어떤 음식이 암을 낫게 한다는 낭설보다 무서운 괴담 중 하나는 바로 "비타민제 복용 필요 없으니 그저 음식만 잘 챙겨 먹어라."는 소위 전문가들의 말이다. 비타민제의 효능이 상당히 부풀려져 있고, 제약사들이 그저 약을 팔아먹기 위해 선전하는 것일 뿐 건강한 음식만 잘 챙겨 먹으면 무병장수한다는 논리다. 물론 건강한 식단은 건강에 필수 필요조건이다. 하지만 식단이 충분조건은 아니다. 만약 종합병원 응급실이나 성인병, 노인 질환을 전문으로 치료하는 의사에게 물어본다면 특정 비타민의 부족으로 얼마나 많은 이들이 건강을 잃고 있는지 많은 사례를 말해 줄 것이다.

아래의 도표는 1993년 일본 과학기술청에서 발표한 식품 성분비 조사 결과다. 1952년, 1982년, 1993년의 성분 변화를 추적한 결과인데, 비타민 C 150mg을 얻기 위해 1952년엔 시금치의 경우 한 단이 필요했지만, 1983년엔 스무 단을 먹어야 한다. 철분 역시 마찬가지다. 대부분의 지표에서 영양소가 고갈되었다.

미국 텍사스주립대학교의 연구 결과 역시 동일하다. 1980년대 오렌

【1993년 일본 과학기술청 식품 성분 분석 조사】

(mg/100g)

	비타민 A			비타민 C			철분			칼슘		
	52년	82년		52년	82년	93년	52년	82년	93년	52년	82년	93년
시금치	8,000	1,700		150	65	8	13	3.7	0.7		55	39
토마토	400	220					5	0.3				
굴	2,000	65					2	0.1		29	22	
사과	10	0		5	3		2	0.1				

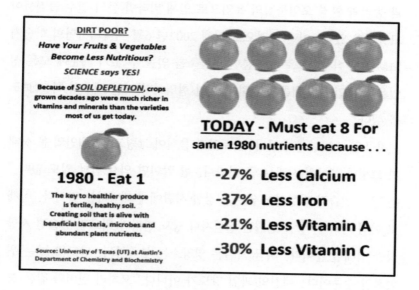

1980년과 2020년의 오렌지 영양소 비교

지 한 개가 함유하고 있던 영양소 대비 2020년의 오렌지엔 비타민 C는
평균 30%, 비타민 A는 21%, 철분은 37%, 칼슘은 27% 적게 함유되어

있었다. 결국 1980년의 오렌지 하나에 들어 있는 영양소를 얻기 위해
선 2020년엔 8개를 먹어야 한다. 브로콜리와 사과 역시 마찬가지였다.
사과의 경우 1950년의 영양소를 얻기 위해선 1998년엔 26개를 먹어야
했다.

　더 나쁜 사실은 교배와 유전자 조작 등으로 인해 당도만 더 높아졌
다는 것이다. 이런 현상을 'Soil Depletion', 토양의 영양소 고갈이라
고 부른다. 토양이 점점 척박해지고 있다는 뜻인데, 농산물 대량생산
과 농약과 환경 오염물질의 유입으로 인해 비타민 등의 필수 물질들이
고갈되고 있다. 이런 사정으로 인해 2002년 6월 미국의사협회 학술지
JAMA는 "식사만으로는 충분한 영양소를 얻을 수 없기 때문에 모든 성
인은 비타민 보충제를 섭취하는 것이 현명하다"라는 제호의 학술 보도
를 했다.

　지금은 1950년대가 아니다. 토양과 음식이 그렇고, 현대인의 몸 상태
가 그렇다. "아침 사과는 금 사과니, 한 알이면 의사 만날 일도 없다."
는 말은 인슐린 저항성이 없는 건강한 사람에게 해당하는 말이다. 실제
로 아침 사과 한 알을 심혈관 질환자나 당뇨 환자가 먹으면 인슐린 저항
성만 심해질 뿐이다. 지금 과일은 영양소는 부족하되, 당도(Brix)는 위
협적인 수준이다. 예전의 과일 당도가 아니다. 오히려 현미와 같은 통
곡물에서 얻을 수 있는 영양소가 더 많다.

굳이 가장 중요한 비타민 둘을 고르라면

식품으로부터 본래 얻을 수 있는 비타민 영양소 중 인간의 활동에 가장 큰 영향을 미치는 비타민은 비타민 B군과 비타민 D, 미네랄이다. 비타민 B군(B1 · B2 · B3 · B5 · B6 · B7 · B9 · B12)과 미네랄은 몸이 탄수화물 · 지방 · 단백질을 분해해서 에너지로 전환시키는 필수 영양소다. 이들이 부족해지면 에너지 생성이 부족해져 쉽게 피로감을 느끼고, 영양 부족을 느낀 우리의 뇌는 단것을 먹으라고 명령한다. 단당은 몸의 대사 시스템을 망가뜨린다.

또 비타민 B군은 수면호르몬을 합성하는 데 가장 큰 역할을 담당한다. 수면 장애가 있는 경우 비타민 B 부족인 사람이 많다. 비타민 B군과 미네랄(칼슘 · 마그네슘 · 아연 · 철 · 망간 · 셀레늄)은 세포의 안정화를 위해 신경안정, 진정, 근육 이완, 혈압 안정, 심리 안정, 혈관 평활근 세포도 안정화, 심장 박동과 부정맥 안정에도 기여한다. 편두통 환자나 눈 떨림 증상에 통상 마그네슘이 부족하다고 알려져 있지만, 의외로 비타민 B(리보플래빈) 부족이 큰 영향을 미친다.

당과 탄수화물, 특히 밀가루 음식을 즐기면 비타민 B군이 빠르게 소진된다. 지병으로 인해 고지혈 약, 진통제, 혈압약과 당뇨약, 항우울제를 복용하는 경우에도 마찬가지다. 필수 미네랄은 독성 미네랄(비소 · 수은 · 카드뮴 · 납 · 알루미늄)의 체내 침투에 대한 대항력도 키워 준다. 비타민 B군은 가공되지 않은 육류에서도 섭취할 수 있는데, 삼겹살에 대한 사랑에 비해 가공육을 제외한 우리나라 성인의 육류 소비량은

OECD 평균 이하다.

2020년 기준 한국인이 가장 많이 소비하는 영양보충제는 홍삼과 프로바이오틱스다. 그리고 3위가 비타민제다. 프로바이오틱의 경우, 한국에서 판매되는 모든 비타민을 합친 것보다 많이 판매된다. 홍삼은 주로 어른을 위한 선물로, 프로바이오틱스는 임산부와 수험생들이 많이 소비하는 것으로 알려져 있다. 그리고 단백질 보충제 시장은 근육질의 몸을 만들려는 이들에 의해 급속도로 성장하고 있다. 문제는 홍삼과 프로바이오틱스가 아니다. 몸에 중요한 보충제의 우선순위가 뒤바뀌었다는 것이다. 대다수의 한국인에겐 비타민 성분이 결핍되어 있다. 특히 비타민 D 부족 현상은 전 연령대에서 나타나고 있고, 대사질환 환자에게서 자주 보인다.

비타민 D 주사를 맞는 이유

수면을 주관하는 호르몬인 멜라토닌은 뇌의 송과체에서 분비되는데, 이 송과체는 낮에 햇빛을 많이 받아야 활동이 왕성해진다. 그리고 멜라토닌은 암세포를 억제하는 역할을 한다. 그러니 낮에 빛을 쬐면서 운동을 하면 항암 효과와 숙면 효과를 동시에 거둘 수 있다. 햇볕을 매일 쬐면 비타민 D가 잘 생성되고 비타민 D는 칼슘의 흡수를 도와주고 칼슘은 면역력, 기억력, 뼈 건강, 신진대사를 돕는다.

또한 햇볕은 면역력에 필요한 멜라토닌이나 성장 호르몬 생성을 돕고 정신 안정과 식욕 억제에 필요한 세로토닌 호르몬 생성에도 영향을 미친다. 특히 체내 칼슘과 인을 흡수하고 뼈의 성장과 유지에 중요한 역할을 한다. 비타민 D 결핍증은 골연화증이라고도 알려져 있으며 칼슘 흡수와 뼈의 밀도를 감소시켜 골다공증이나 낙상, 고관절 골절 등의 발생률을 높인다.

비타민 D는 체내에서 만들어지지 않고 피부를 햇볕에 노출했을 때만 합성된다. 하지만 바쁜 현대인들은 생각보다 햇볕을 잘 쬐지 못한다. 한국 성인 비타민 D 부족 비율은 남성 약 86.8% 여성 93.9% 정도다. 나이가 들면 비타민D 합성 능력은 더욱 떨어지고, 당뇨와 고지혈증 치료제를 복용하고 있다면 더더욱 비타민 D를 인위적으로 복용해야 한다. 알약도 좋지만, 주사의 효능이 더 직접적이고 장기적인 효과가 있다.

비타민 D가 하는 일

① 면역력 향상: 백혈구의 일종인 '림프구'를 활성화시켜 몸에 들어온 유해 물질을 파괴한다.

② 감기 예방: 영국의 연구 결과 폐 내부에서 균을 죽이는 '항균 펩타이드' 수치를 향상해 감기 등 호흡기 감염증을 예방한다.

③ 암 예방: 세포 성장을 조절하는 역할을 해 암을 예방한다. 대장암과 유방암의 경우 비타민 D 혈중 농도가 높을수록 암의 위험이 낮다.

햇볕을 잘 쬐지 못하면 고혈압이나 당뇨병, 심혈관질환, 협심증이나 심근경색, 뇌졸중, 그리고 암이나 치매와 같은 인지기능 장애의 위험성

이 높아진다. 그뿐만 아니라 유방암, 전립선암, 대장암 같은 질병 발생
도 증가한다. 특히 약물을 장기간 복용하는 사람들은 비타민 D 결핍을
주의해야 한다. 위장약(위산 분비 억제제), 관절염이나 아토피 등에 사
용하는 스테로이드 등은 체내에서 비타민 D 합성 작용을 방해하기 때문
이다.

비타민 D와 골다공증

질병관리본부 자료에 따르면 우리나라 50세 이상 남성 10명 중 1명이
골다공증이며, 골다공증의 전 단계인 골감소증의 경우 10명 중 4명꼴로
발생한다. 여성 골다공증 환자는 폐경의 영향으로 남성 환자보다 약 4
배 더 많으며, 70세 이후 대퇴골 골절로 1년 이내 사망할 확률은 남성이
54%, 여성이 34%에 이른다. 또한 건강보험 빅데이터를 이용하여 골다
공증 골절의 발생 양상을 파악한 결과, 50세 이상에서 골다공증 골절의
발생은 2008년 14.7만 건에서 2012년 21.7만 건으로 증가하여 연평균
10.2%씩 발생 수가 증가하는 추세였고, 남성보다 여성에게서 2배 이상
높았다.

골다공증 환자의 뼈는 가벼운 충격에도 쉽게 부러질 수 있다. 따라서
살짝 넘어지더라도 척추압박골절 등 심각한 부상으로 이어진다. 골다
공증에 의한 골절은 부위별로 보면 50세 이상에서 발생률(2012년, 인
구 1만 명당)이 높은 부위는 척추(65.5명), 손목(47.4명), 고관절(18.1
명), 위팔뼈(8.1명) 순이었고, 연령별로 보면 고연령으로 갈수록 척추

(60세 이후) 및 고관절 골절(70세 이후)의 발생률이 급격히 증가하는 양상이었다.

대부분 빙판길에 넘어지면서 땅에 손을 짚어 손목 골절이 많이 발생하며, 엉덩방아를 찧는 경우 고관절과 척추에 골절이 발생하기 쉽다. 특히 우리 몸의 골반과 다리를 이어 주는 고관절이 다치면 골절로 인해 움직이지 못하면서 일어나는 합병증 때문에 더욱 위험해질 수 있다. 또한 척추 골절은 넘어질 때의 충격으로 척추가 압박을 받으면서 일어난다. 주로 허리 통증을 호소하며 신경 마비를 유발할 수도 있다. 척추 골절은 엑스레이 촬영을 하지 않으면 발견하기 어렵기 때문에 허리 통증이 지속되면 병원을 찾아 전문의에게 진료를 받는 것이 좋다.

비타민 D 결핍, 햇볕만 쬐어도 효과

필수영양소인 비타민 D는 음식을 통해서 섭취하는 칼슘과 인의 흡수를 도와 뼈를 튼튼하게 해 주는 역할을 한다. 혈당과 혈압을 낮추어 혈관을 튼튼하게 하며, 세균과 바이러스 감염을 예방한다. 또 각종 암과 우울증이나 근력, 면역 관련 질환에도 도움이 되는 것으로 알려져 있다. 특히 노년기 골절 예방을 위해서도 결핍되지 않게 해야 한다.

따라서 매일 15~20분 정도는 햇볕을 직접 쬐어 뼈에 필요한 비타민 D가 충분히 합성되도록 한다. 햇빛이 너무 강한 낮 시간대를 제외하고 얼굴이나 팔다리 정도 노출된 상태에서 운동을 꾸준히 하면 비타민 D가 충분히 형성된다. 단, 자외선차단제를 사용하거나 실내 유리를 투과한 햇볕은 효과가 떨어진다. 실제로 비타민 D 결핍증으로 진료를 받은 환자 중 자외선차단제를 잘 사용하는 성인 여성이 남성보다 18%나 많았다. 하지만 햇볕도 장시간 너무 많이 쬐면 오히려 피부 노화를 촉진하고 피부암을 일으킬 수 있으므로 주의해야 한다.

겨울에는 야외 활동이 줄어들고 일조량이 감소하기 때문에 체내에 비타민 D 부족 증상이 나타나 우울한 기분을 느끼거나 면역력이 떨어져 감기와 같은 호흡기 질환에 취약해진다. 따라서 비타민 D가 풍부한 음식인 연어나 정어리, 참치, 고등어, 청어와 같은 등 푸른 생선, 대구 간유, 소나 돼지의 간, 달걀노른자, 버섯, 시래기 등을 섭취하는 것이 좋다. 아울러 짠 음식을 피해 염분과 함께 칼슘이 손실되지 않도록 하는 것이 중요하다.

칼슘은 일일 800~1,000㎎의 섭취를 권장한다. 일차적으로 우유, 멸치, 해조류, 두부 등 음식을 통해서 섭취하자. 음식을 통한 비타민 D 흡수는 소량으로 제한적인 만큼 햇볕에 피부를 노출해 비타민 D를 생성하도록 노력해야 한다.

비타민 D 결핍 기준은 아직 다소 논란이 있으나 일반적으로 비타민 D 혈액 농도가 30ng/㎖ 이상인 경우 충분하다고 보며 20ng/㎖ 이하면 부족하다고 본다. 비타민 D 결핍이 심하면 의사와 상의하여 비타민D 보충제를 복용하는 것이 필요하다. 골다공증 예방과 치료를 위해서는 하루 800㎎의 비타민 D를 섭취해야 한다. 매일 20분 이상 햇볕을 쬐고 적당한 운동과 비타민 D를 충분히 섭취하는 생활 습관이 비타민 D 결핍증을 예방하는 최고의 방법이다.

※ 비타민 구매 시 확인해야 할 것

칼슘제 함부로 먹지 마라

비타민 계열의 성분과 효능을 일반인은 모두 알 수 없기에 통상 종합비타민을 선택한다. 그런데 일부 제약사에선 종합비타민이라는 명분을 들어 칼슘과 철분제를 함께 처방하는 경우가 있다. 그런데 칼슘(구연산 칼슘)은 급성 혈관질환 발생률이 크게 높인다. 원래 칼슘의 효능을 입증하기 위해 제약사의 지원을 받아서 진행한 연구였음에도 연구자는 칼슘 500㎎의 지속적 처방이 매우 위험하다는 것을 임상으로 통해 확인했다. 연구 결과가 연구 목적을 탄핵한 경우다. 또한 칼슘과 비타민 D를 함께 복용했을 경우 양자 모두 효과를 상쇄시킨다는 연구 결과도 나왔다. 칼슘은 되도록 두부, 멸치, 우유와 같은 음식 또는 비타민 D3로 보충해야 한다.

철분제 비타민은 때로 최악의 선물이 된다

부모님이 어지러움을 호소한다고 자녀들이 약국에서 철분제가 함유된 종합비타민을 선물했다가 오히려 건강을 망치는 경우가 있다. 어지럽다고 모두 철분이 부족해서 생기는 증상이 아니다. 철 결핍성 빈혈에만 철분이 처방된다. 다른 증상을 가진 이에게 처방하면 철분제 자체가 그대로 독소가 된다.

7장

토닥토닥 마음 치유

스트레스가
자꾸 스트레스인 현대인

스트레스는 도전적이거나 까다로운 상황에 대한 자연스러운 반응이다. 스트레스가 아예 없는 삶은 불가능하다. 그런 삶이 그저 행복하다고만 단정할 수도 없다. 하지만 스트레스가 많으면 건강을 해치는데, 특히 만성화된 스트레스는 질병을 부른다. 스트레스는 스트레스 지수와 같이 개인 또는 집단의 스트레스 수준을 정량화해서 측정하기도 한다.

스트레스라는 말이 워낙 다양하고 습관적으로 사용되기에 스트레스가 아닌 상황도 스트레스로 만드는 사람이 있는 반면, 자신이 심한 스트레스를 겪고 있으면서도 이를 인지하지 못하는 경우도 있다. 당연히 후자 쪽이 더 위험하다. 자신의 정신 건강에 대해 인지하지 못하면 이에 따른 치유 노력을 하지 않고 주변 관계나 환경만을 탓할 수도 있기 때문이다. 이 경우 스트레스는 만성화된다.

스트레스는 다양한 신체적 · 정서적 증상을 유발할 수 있다. 일반적으로 나타나는 스트레스 증상은 다음과 같다.

신체적 증상

- 두통 또는 편두통

- 근육 긴장 또는 통증

- 피로 또는 탈진

- 소화 불량, 메스꺼움 또는 설사와 같은 위장 문제

- 과식이나 식욕 부진과 같은 식욕의 변화

- 불면증 또는 기타 수면 장애

- 심박수 증가 또는 심계항진

- 발한 또는 안면 홍조

- 여드름, 습진 또는 건선과 같은 피부 문제

- 면역 체계가 약해져 감염에 더 취약

정신적 증상

- 불안 또는 긴장

- 우울증 또는 낮은 기분

- 과민성 또는 분노

- 안절부절못함 또는 동요

- 집중하거나 결정을 내리기 어려움

- 압도감이나 무력감

- 한때 즐거웠던 활동에 대한 흥미 상실

- 사회적 위축 또는 고립

- 낮은 자존감이나 자신감

사람이 스트레스를 받으면 신체는 아드레날린, 코르티솔, 노르에피네프린과 같은 스트레스 호르몬을 분비하여 반응한다. 이 호르몬은 인지된 위협이나 스트레스 요인에 대한 반응으로 부신에서 방출되며, 신체의 투쟁 또는 도피 반응을 유발한다. 아드레날린은 심박수와 혈압을 높이는 반면, 코르티솔은 혈중 포도당 수치를 높이고 소화 및 면역 체계와 같은 비필수 신체 기능을 억제한다. 노르에피네프린은 주의력을 높이고 인지된 위협에 주의를 집중하도록 돕는다. 소량의 이러한 스트레스 호르몬은 유익할 수 있으며 스트레스가 많은 상황에 대응하는 데 도움이 될 수 있다.

그러나 스트레스가 만성화되거나 과도해지면 스트레스 호르몬의 지속적인 분비로 인해 신체적·정신적 건강에 부정적인 영향을 미칠 수 있다. 만성 스트레스는 과도한 스트레스 반응으로 이어져 불안, 우울증, 심장병 및 소화기 문제와 같은 다양한 건강 문제를 일으킬 수 있다. 따라서 과도한 스트레스 호르몬 분비의 부정적인 영향을 예방하기 위해 건강한 방법으로 스트레스를 관리하는 것이 중요하다.

만성 스트레스는 심박수와 혈압을 증가시켜 고혈압과 심혈관 질환의 위험을 높이는데, 이 중 장기간 스트레스 상황이 이어지면 죽상동맥경화증으로 이어지기도 한다. 플라크(혈관 내 침전물)의 축적으로 인해 동맥이 좁아져 심장마비와 뇌졸중의 위험 또한 증가한다. 만성 스트레스는 면역 체계를 약화시키며 자가면역질환 등 만성염증의 원인이 되기도 한다. 과민 대장 증후군(IBS), 위산 역류, 궤양과 같은 위장 장애를 악화시키거나 유발할 수 있다. 또한 스트레스는 스트레스 호르몬인 코르티솔의 분비를 촉발하는데, 코르티솔 수치의 만성적 상승은 체중 증가, 인슐린 저항성, 대사 장애로 이어져 제2형 당뇨병의 위험을 증가시킨다.

스트레스가 뇌에 미치는 영향

만성적 스트레스가 위험한 이유는 뇌의 작용에 큰 영향을 미치기 때문이다. 즉 전문가들은 만성 질병의 원흉이 스트레스라고 말하는데, 그 이유는 스트레스가 사람의 라이프 스타일을 부정적으로 변형시키기 때문이다. 만성 스트레스는 식습관에 영향을 주어 과식이나 과식을 초래하고 달거나 자극적인 음식에 집착하게 만든다.

또한 스트레스가 지속되면 공황장애, 불안, 우울증이 동반되며 인지 기능 또한 손상되어 기억력 감퇴와 집중력 장애, 의사 결정 시 극도의 불안감에 휩싸이게 만든다. 만성 스트레스는 수면 장애 역시 동반한다. 수면 장애는 정신 건강을 더욱 악화시켜 우울증을 심화시키거나, 대사 장애를 불러와 지병을 더욱 악화시킨다. 이러한 스트레스를 이기지 못해 습관적으로 음주하거나 특정한 행위 중독(성·도박·게임·쇼핑 등)에 빠지는 경우도 많다. 스트레스의 도피처로 선택한 행동에 포박되어 중독된다.

다양한 스트레스 요인

스트레스는 외부 및 내부 트리거를 포함하여 다양한 요인으로 인해 발생할 수 있다. 업무 관련 압박감과 재정적 위기가 주는 불안, 배우자·가족·동료와의 갈등이 일반적이지만, 결혼과 출산, 이사와 같이 삶의 중요한 변화로 인해 스트레스를 겪기도 한다. 특히 사고나 재해, 폭력 등의 트라우마도 스트레스를 지속시킨다. 소음과 공해, 과밀과 같은 환경적 요인에 의해서도 스트레스는 유발된다.

스트레스 완화 방법

스트레스를 해소하는 방법에는 여러 가지가 있으며, 한 사람에게 효과가 있는 방법이 다른 사람에게는 효과가 없을 수도 있다. 다음은 도움이 될 수 있는 몇 가지 일반적인 스트레스 완화법이다.

▶ 운동

신체 활동은 신체의 자연적인 기분 좋은 화학 물질인 엔도르핀을 방출하여 스트레스를 줄이고 기분을 개선하는 데 도움이 될 수 있다. 규칙적인 운동은 수면을 개선하고 불안을 줄이는 데 도움이 될 수 있다.

▶ 마음 치유 요법

심호흡, 명상, 요가와 같은 기술은 스트레스를 줄이고 전반적인 웰빙을 개선하는 데 도움이 될 수 있다.

▶ 사회적 지원

친구 및 가족과 시간을 보내거나 치료사 또는 상담사의 지원을 구하면 스트레스를 줄이고 유대감과 지원을 제공하는 데 도움이 될 수 있다.

▶ 이완 기술

점진적 근육 이완, 시각화 또는 마사지와 같은 기법은 근육 긴장을 줄이고 이완을 촉진하며 스트레스를 줄이는 데 도움이 될 수 있다.

▶ 시간 관리

효과적인 시간 관리 및 우선순위 지정은 압도감을 줄이고 자기 삶에 대한 통제감을 높이는 데 도움이 될 수 있다.

▶ 취미 및 여가 활동

독서, 그림 그리기, 정원 가꾸기와 같은 취미 또는 여가 활동에 참여하면 스트레스를 줄이고 즐거움과 성취감을 느낄 수 있다.

▶ 건강한 생활 습관

건강한 식습관, 충분한 숙면을 취하고 과도한 알코올, 카페인 및 니코틴 섭취를 피하는 것은 전반적인 건강을 증진하고 스트레스를 줄이는 데 도움이 될 수 있다.

스트레스 관리는 지속적인 과정이며 다양한 기술을 시도하고 시간이 지남에 따라 라이프 스타일을 변경해야 할 수도 있다. 스트레스 수준이 계속해서 일상생활에 지장을 준다면 치료사 또는 의사의 전문적인 지원을 받는 것이 도움이 될 수 있다. 현대인들은 불안과 스트레스가 얼마나 자기 몸을 망가뜨리는지 명쾌하게 알지 못하는 경우가 많다. 장기간의 스트레스는 염증과 면역세포 기능의 불균형을 촉진한다.

심리적으로 장기간 스트레스를 받으면 면역 반응을 억제하지 못할 수도 있다. 명상, 운동, 좋아하는 일 등을 하면서 스트레스 수준을 관리하여야 한다. 적은 스트레스는 적당한 긴장감을 풀고 일을 추진하는 데 도움이 된다. 과도한 스트레스는 우리 몸에서 스트레스 호르몬인 코르티솔의 분비를 촉진시켜 고혈압·고지혈증·당뇨병을 일으키고 면역력을 저하시킨다. 일이 너무 많으면 약간 줄이도록 노력하고 자신이 일하는 것을 즐기도록 한다.

많이 웃을수록 백혈구가 증가하고 코르티솔 호르몬 분비가 감소한다. 15초 동안 크게 웃기만 해도 엔도르핀과 면역세포가 활성화되어 수명이 연장된다는 미국 인디애나주 메모리얼병원 연구팀의 논문 연구 결과가 있다. 또한 일본 오사카대학 대학원 신경기능학팀은 웃으면 바이러스에 대한 저항력이 향상되며 세포조직 증식에도 도움이 된다는 결과를 발표했다. 뇌는 거짓 웃음도 진짜 웃음과 비슷하게 인지한다. 억지웃음으로도 진짜 웃음으로 얻는 것과 동일한 건강 효과를 얻을 수 있다는 것이다. 소리 내어 웃는 것이 효과가 좋으니 매일 크게 소리 내어 웃어 정신 건강과 몸 건강을 함께 챙기길 권한다.

명상(MEDITATION)

팀 페리스는 세계 최정상에 오른 성공한 이들의 습관과 사고방식, 관계 형성 등을 인터뷰하여 『타이탄의 도구들』을 출간했다. 그는 경제적 성공만을 성공이라고 보지 않았다. 세상에서 가장 부유하고, 영적으로 충만하고, 자신의 영역에서 이타적인 업적을 남긴 이들이 바로 그가 말한 '성공한 자'들이었다. 팀 페리스는 그들의 이야기를 61개의 테마로 묶었다. 그런데 성공한 사람들은 각기 세계관과 생활의 방법론이 달랐지만, 공통점이 하나 있었다. 바로 명상(MEDITATION)이었다. 물론 그들 모두가 입을 모아 "명상한다."고 말한 것은 아니었다. 하지만 그들이 일상의 습관으로 만든 사유 방식은 정확히 명상이었다.

명상은 인더스 지방에서 시작해 동아시아와 근동으로 전파되었다. 그리고 이제 명상은 현대인에게 마음을 치유하고 집중력을 높이는 수단으로도 주목받고 있다. 스님들은 참선이라는 방식으로 명상했는데, 대중은 그보다 훨씬 다양한 방식으로 명상을 한다. 이제 명상은 대중화되었다.

명상의 기원은 기원전 2,500년경 고대 인더스 문명일 것으로 추정된다. 각종 유물에서 명상 자세를 단순화한 인장 등이 발견되었다. 인더스 문명 이후 인도의 베다, 불교와 자이나교, 힌두교가 이 전통을 수렴했고, 동아시아와 근동을 거쳐 서구에까지 전파되었다. 그러니까 오늘날 각 종교에서 유사한 형식으로 존재하는 정신 수련의 전통은 고대에서부터 있었던 것으로 추정할 수 있다.

기독교에선 이 명상을 '조용히 마음속으로 생각한다.'는 뜻의 묵상(默想)이라고 부르는데, 이 묵상의 전통은 기독교와 그 이전의 유대교에서부터 있었던 것이기도 하다. 중국의 고대 철학자들은 자연의 이치와 사람의 도리를 깨닫기 위해 명상을 했고, 싯다르타(부처)는 깨달음을 얻기 위해 명상을 했으며, 7세기 당나라의 선(禪)불교는 참선

명상은 종교적 수련을 위한 것만이 아니다.

(參禪)과 묵언(默言), 직관적 깨우침 등의 전통을 일본에 전파했다. 이를 두고 서방에선 'ZEN(선)'이라 불렀다.

근동 지방의 이슬람과 기독교도들은 신의 뜻을 온전히 알고 신과의 결속을 위해 명상과 단식으로 수련했다. 자이나교는 영적 각성을 지속하고 자신이 아닌 모든 사람을 위해 자신을 바치는 수련의 일종으로 받아들였다. 명상이 종교인의 영적 수련으로 활용되다 보니 명상을 직접 접하지 못한 사람들은 명상을 신비주의적이고 영적인 수련이라고만 인식한다.

몸은 운동을 마음은 명상을 필요로 한다

명상에 관한 어떤 책의 표지에는 "몸은 운동을, 마음은 명상을 필요로 한다."라는 문구가 적혀 있었다. 아마도 대중에게 명상을 직관적으로 이해시키기 위해 출판사에서 선정한 문장이지 않을까. 하지만 이 문구는 중대한 사실을 오해하게 만든다. 몸도 마음도 모두 사람의 머릿속 사유 활동과 신경 활동의 결과라는 사실 말이다. 즉, 명상은 마음에만 영향을 미치지 않고, 몸에도 심대한 영향을 미친다. 왜냐면 명상은 사람의 생명 활동을 관장하는 뇌 활동에 직접적으로 관여하기 때문이다.

명상이란 마음을 가다듬고 자신이 집중해야 할 그 무엇에 대해 집중하는 행위, 마음을 가라앉히고 생각을 비우는 행위, 눈을 감고 마음을 깊고 고요하게 만드는 행위 등을 말한다. 일상에서의 스트레스나, 사람과의 갈등에서 오는 분노와 긴장, 중요한 일에 대한 집중력과 실패했을 때의 낭패감 등 머릿속의 근심과 번민을 떨쳐 버리는 의식적인 행위가 바로 명상이다.

명상의 주류를 동양철학과 종교에서 선점했기에 서구에선 이 명상의 원리를 다소 신비주의적으로 접근했다. 그들은 인간의 사회활동 중 가장 고차원적인 영역을 정치와 예술로 취급했고, 인간 사유의 최고 수준을 명상으로 추켜세우곤 했다. 의식과 감정, 몸의 긴장까지 조절할 수 있다는 점에서 이런 주장이 완벽히 틀린 것은 아니다. 다만 필자가 강조하고 싶은 점은 명상은 그렇게 복잡하고 어려운 일이 아니라는 것이다.

짧은 우화가 있다. 서역의 한 장군이 지나가는 사람들에게 다급하게 물었다. "이 근처에서 나의 말을 보지 못했소? 온통 하얀 털에 금빛 깃털을 가진 말이오." 지나가는 사람 누구도 장군에게 말을 보았다고 말할 수 없었다. 장군은 자신이 타고 있는 말을 찾고 있었기 때문이다. 장군은 자신이 말 등 위에 타고 있다는 사실을 잊고 있었고, 사람들은 장군이 바보가 아니고서야 자신이 탄 말을 찾을 리 없다고 생각했던 것이다. 이 우화는 사람의 건강과 마음의 평온이 다른 곳에 있는 것이 아니라 이미 그 사람이 가진 능력 안에 모두 있음을 뜻하는지도 모른다.

앞서 우리가 살펴본 것과 같이 사람 몸의 치유력은 이미 몸 안에 내재되어 있었다. 사람의 마음 또한 마찬가지다. 마음을 챙기고 치유하는 모든 행위의 주체도 바로 그 마음의 주인인 우리 자신이기 때문이다. 이것이 바로 명상의 핵심 원리다. 명상은 의식적으로 자신의 마음을 흔들며 교란하는 번잡한 생각과 감정을 흘려보냄으로써 자신이 필요로 하는 평온함과 안식, 또는 고도로 정제된 집중력을 얻는 행위이기도 하다.

명상 수련이 익숙해지면 삶의 본질적 맥락에 대한 탐구로 이어진다. 세상 사람들이 욕망하는 것이 아니라 진정 자신이 원하는 삶과 가치에 대해 집중하는 힘을 길러 주기도 한다. 그래서 명상은 지혜의 원천이라고도 한다. 명상은 그 연원만큼이나 다양한 용도로 활용되고 있다. 또한 목적에 따라 실천하는 방법 또한 다양하다.

명상의 분류와 효능

심각한 교통사고 후유증으로 오랫동안 움직이지 못하고 누워 있던 환자는 아주 기초적인 감각부터 재활한다. 촉각과 같은 느낌과 손가락을 약간 움직이는 것과 같은 것으로 시작하여 앉는 훈련, 이후 서 있고 걷고 달리는 과정으로 이어진다. 명상의 진전 또한 이와 유사하다. 생명활동의 첫 징표라 할 수 있는 심박과 호흡을 느끼고, 이를 이완하는 훈련으로 시작한다.

거의 모든 명상 지도자는 이 호흡 명상을 명상의 토대라고 생각한다. 호흡이 마음을 관찰하고 자기 감각을 온전한 상태로 돌려놓는 가장 좋은 방법이기 때문이다. 그래서 호흡 마음챙김 명상에서 시작해 '몸 → 우두커니 → 행위 → 걷기 → 요가 → 정서 → 자비와 대화' 등의 단계로 수련하면서 그 행위의 효능을 직접 체험하는 것이 좋다. 자신이 느끼는 감각에서부터 시작해 자신의 몸과 활동으로 확장하며 종국에는 주변 인과의 관계, 그리고 우주와 나와의 관계로 사유를 넓혀 나가는 방법이 명상 방법으로 분류되어 있다.

명상의 효능은 현재 과학적으로도 충분히 검증되었다. 오랜 세월 속에서 인류와 함께해 온 이 치유법의 대표적인 효능은 다음과 같다.

- 자신의 감정과 몸의 상태를 알아차릴 수 있다.

- 집착에서 벗어나 사려 깊게 행동한다.

- 몸과 머리의 피로가 사라진다.

- 감정에 덜 휘둘리게 된다.

- 신체적인 통증이 줄어든다.

- 잠을 깊이 자고 활력 있는 아침을 맞는다.

- 살이 빠지고 음식에 대한 조절 능력이 생긴다.

- 시간에 쫓기지 않고 바쁜 일정에도 차분하게 업무를 진행한다.

- 삶의 목적과 가치에 대해 지혜를 얻는다.

- 타인의 욕망에 덩달아 휘둘리지 않는다.

- 자신이 진정으로 원하는 것에 대한 통찰을 얻는다.

마음챙김 명상

호흡 수련을 하기 전에 자신의 마음을 있는 그대로 받아들이는 수련
법이다. 마음챙김이란 나에 대한 순수한 관찰이자 마음이 뜻하는 것을
그대로 받아들이는 것을 의미한다. 억울함이나 분노, 연민과 사랑, 우
울함과 공포심을 마음이 외치는 대로 받아들여 마음의 상태를 관찰한
다. 이를 거부하거나 의식적으로 다른 생각을 해서 떨쳐 내려 하지 않
는다. 부정적 감각조차도 받아들이며 이 감각을 받아들인다.

다만 이 마음을 관찰할 뿐 감정을 표출하기 위한 행동을 하지는 않는
다. 마음챙김은 감정이 돋는 순간 어떤 욕구와 행위를 멈추고 그저 관찰

하는 것이다. 타인이나 현재 벌어진 상황에 대한 경험적 판단과 사유, 말하기를 중단하고 그저 자신의 마음과 몸에만 집중한다. 이 멈춤의 과정에서 자신의 변화에 주목한다. 호흡이 거칠어지고 심박이 빠르게 뛰며 식은땀이 나거나 두려움으로 시야가 좁아지는 것을 느낄 수 있다.

이 '멈춤을 통한 자기관찰'은 사람 감정 발현의 습관적 패턴을 바꿀 수 있도록 도와준다. 자신의 감각을 통해 현실을 있는 그대로 보되, 부정적 감각을 초래한 것이 타인인지 자신의 감정인지를 분별하게 된다. 이 상태를 지속하면 비로소 자신이 자신의 마음에 대화를 청할 수 있는 상태가 된다.

아침 약속에 또 늦은 상대방을 기다릴 때 짜증나는 순간이 있다. 이런 부정적인 감정에 휩싸일 때 짧은 자기관찰만으로도 효과를 볼 수 있다.

"이 사람이 또 아침 미팅에 늦어서 짜증이 났구나. 내 마음은 이 사람이 시간을 지키길 바라는 욕구로 가득 차 있는 것인가. 아니면 이 사람이 나에게 미안한 얼굴로 사과하길 원하는 것인가. 호흡이 거칠고 얼굴은 잔뜩 찡그렸고⋯."

이 상태가 자신의 감정을 1차원적으로 관찰하고 수용하는 단계다. 여기서 '집착'과 '과거'라는 키워드를 꺼내 다시 자신의 마음을 관찰한다.

"나는 이 사람이 변하기를 집착하고 있구나. 내가 짜증난 것은 현재의 것이 아니라 '과거'의 경험이구나. 오직 지금 존재하는 것은 내 곁에 이 사람이 있다는 사실 그 자체다."

이제 자신의 마음 창고엔 부정적 감정만이 존재하지 않는다는 것을 인식하는 것이 단계로 넘어간다. 즉, 상대에 대한 호기심 또는 자비심이다.

"어제도 잠을 설쳐 아침에 허둥지둥 나왔겠구나. 미안해서 말 못하고 얼버무리는 모습을 봐. 이 사람의 생활 습관을 있는 그대로 받아들일까?"

이렇게 생각하는 단계로 넘어갈 수 있다면 수련이 성공적으로 진행되고 있다고 볼 수 있다. 설사 2단계로 넘어가지 않더라도 자신의 즉각적인 행동을 모두 멈추고 자신을 관찰하며 상대의 말을 듣는 것만으로도 수행이 된다. 즉 예전이었으면 바로 화를 내고, 상대의 약점을 꺼내서 신랄한 비판을 하고 다음엔 그러지 않겠다는 약속을 받아 내어 다음 약속에 더 큰 압력과 긴장이라는 과부하를 걸지 않는 것으로도 순간 멈춤을 통한 마음챙김의 효과를 볼 수 있다는 것이다.

익숙한 사고와 패턴화된 자신의 사유 방식을 절대선이라 여기지 않고 한발 물러나 자기감정을 관찰하는 것. 이것이 바로 관찰이 주는 명상의 효과다. 이를 불교에선 '판단하지 말고 자신의 호흡과 신체 감각, 또는 자신과 함께 있는 상대에게 집중하라'고 가르친다. 자각하되 자신의 낡은 사고와 감정에 집착하지 말라는 뜻이다.

필자는 마음챙김 명상의 단순한 과정만을 설명했지만, 독자들은 명상의 원리에 대해 이해했을 것이다. 명상이란 사유 활동 자체를 비우는 초현실적인 수련이 아니다. 오히려 자신의 감각과 사고 중 불필요한 것을 흘려보내고 필요한 것을 선별하는 고차원적인 사고 활동이기도 하다. 잠깐 멈춤은 알맹이를 골라내기 위해 쭉정이가 떠오르기를 기다리는 그 시간을 얻기 위한 명상법이기도 하다.

호흡 명상

호흡 명상은 천천히 숨을 들이마시고 천천히 뱉으며 호흡과 몸이 느끼는 감각에만 집중하는 방법이다. 편한 장소에 앉아 몸에 힘을 빼고 숨을 쉰다. 이 과정에 대해 '명상'이라고 스스로 말하는 것도 중요하다.

처음에는 천천히 깊은숨을 들이마셔 온몸을 공기로 가득 채운다. 폐의 가장 깊은 곳까지 채운다는 생각으로 들이마신다. 그리고 다시 폐의 구석진 곳의 공기까지 내보낸다는 생각으로 내쉰다. 공기가 모두 빠져나간 상태에서 코를 막고 인위적으로 숨을 참는 경험을 해 보는 것도 좋다. 자신의 폐와 뇌, 온몸의 세포들이 산소를 얻기 위한 투쟁을 하고 있다는 생각이 들 것이다. 그리고 다시 천천히 숨을 들이마신다.

이 과정에서 호흡을 할 때 자신의 몸 안에서 어떤 변화가 생기는지를 관찰한다. 숨이 들어올 때 각 부위와 그 부위의 안쪽에서 서서히 늘어가는 확장 감각과 압력감, 그리고 숨이 나갈 때 서서히 줄어드는 수축 감각 등 매 순간 변화하는 감각을 주시한다. 신경을 호흡에만 집중하기 위해 들이마시고 내쉴 때마다 숫자를 세는 것도 도움이 된다. 아직도 마음속에 남아 있는 걱정과 부정적인 느낌이 있다면, 그것을 하나의 유기체라고 생각하고 아주 잘게 나눠 한 번의 숨마다 실어서 밖으로 내뱉는다고 생각해도 좋다.

말하지 않되, 다른 생각이 비집고 들어오려 하면 "나는 침묵 속에서 호수처럼 고요하다."라는 말을 반복적으로 떠올려도 좋다. 이 방법은 1분만 해도 긴장을 이완시키고 뇌의 피로를 풀어 준다. 머릿속을 비우고 필요한 것에만 집중하고 싶을 때, 또는 호흡을 통해 눈과 목, 허리와 근육을 천천히 이완시켜 편히 잠들고 싶을 때에도 모두 효과가 있는 방법이다.

말을 하지 않고 남의 시선을 의식하지 않을 수 있는 장소가 좋다. 20분을 시계 알람으로 맞추어도 좋다. 호흡에만 집중하고 몸의 긴장을 푸는 사이 어느새 뇌가 쉬고 번잡했던 생각과 감정들이 사라지는 것을 느낄 수 있다. 어떤 생각이 집요하게 방해하면 다시 자신의 호흡과 특정 문구에 의식을 집중하는 방식으로 명상에 집중한다.

고대 인도의 수행자들은 숨을 들이마실 때 '소(so)'라고 생각하고, 내쉴 때 '함(ham)'이라고 생각하며 수련했다고 한다. '소'란 너를 의미하고, '함'은 나를 뜻한다. 즉 당신이 나이고, 타인이 나이며, 공동체와 우주 그 자체가 나라는 뜻이다. '소함 명상법'은 타인과 나와의 경계를 허물어 타인과 나는 연결되어 있으며, 이를 부정하고 가르고 싶은 감정을 녹여 주는 방법이다.

많은 명상 지도자가 호흡에 집중하는 이유가 있다. 호흡은 인간의 생리 활동 중 의식과 관련 없이 자율적으로 이루어지는데, 이 호흡은 심리를 있는 그대로 반영하기에 호흡을 관찰하면 마음의 진짜 목소리, 가령 마음속에서 내지르는 통증과 진짜 목소리를 들을 수 있기 때문이다.

호흡 명상을 하면 처음에는 거칠고 불안정하다. 이런저런 스트레스로 호흡이 짧거나 불규칙해도 그저 믿고 맡겨 주면 호흡은 자신이 원하는 안정된 상태로 다시 돌아온다. 호흡과 함께 자기 몸이 얼마나 긴장하고 있는지를 관찰하고 이를 호흡 한 번마다 천천히 풀어 준다. 눈과 입술, 어깨와 목, 가슴과 배, 손과 허리 순으로 스트레스로 인해 굳어 있던 것을 확인하고 하나씩 풀어 준다. 이 방법은 일반적으로 가부좌 자세에서 하지만 지하철 의자에 앉거나, 잠자리에 들어 누웠을 때도 효과가 좋다.

호흡을 관찰하는 방법에 대해서 설명하는 『마음챙김 명상 매뉴얼』의 한 대목을 보자. 물론 호흡 명상의 방법은 다양하다.

호흡의 깊이를 관찰한다. 지금 이 순간 내 몸이 하는 호흡의 깊이를 관찰한다. 호흡을 관찰하는 것이지 통제하려는 것이 아니다. 통제는 그동안 많이 해 왔다. 마음챙김을 통해 몸을 존중하고 몸의 소리에 귀를 기울이자. 호흡을 일부러 깊게 하려고 하지 않는다. 다만 들이쉴 때 충분히 들이쉬도록 허용하고, 내쉴 때 충분히 내쉬도록 허용한다.

숨을 들이쉴 때 들숨이 얼마나 깊은지 관찰한다. 숨이 어디까지 들어가는지 잘 관찰한다. 물론 공기는 폐까지만 들어간다. 그러나 숨을 들이쉴 때 흉곽이 확장하고 횡격막이 아래로 수축하면서 배로 압력이 전해지는데 그 압력의 느낌은 마치 숨이 배까지 들어가는 듯이 느껴진다. 숨이 들어올 때 압력이 몸에서 어떻게 나타나는지 잘 관찰한다. 숨이 어디서 잘 느껴지는지 관찰한다.

처음에는 숨이 가슴 위에서만 느껴질지 모르지만 차차 몸과 마음이 이완되면서 숨이 복부에서도 느껴진다. 중요한 것은 숨을 억지로 깊게 쉬려고 해서는 안 된다는 것이다. 다만 관찰할 뿐이다. 몸을 존중하고 호흡을 가만히 따라가며 몸이 하는 호흡 행위를 가만히 지켜본다.

숨이 들어올 때 잘 관찰한다. 가슴이 팽창하는 느낌. 가슴 흉곽의 양옆이 늘어나는 느낌. 가슴 흉곽이 앞뒤로 확장하는 느낌. 가슴 안쪽에서 압력이 늘어나는 느낌. 배 안쪽에서 압력이 증가하는 느낌. 배의 양 옆구리가 늘어나는 느낌. 배의 윗면인 등과 허리가 밖으로 확장되는 느낌. 아랫배에서 압력이 늘어나는 느낌. 어떤 감각이든 간여하지 않고 단지 있는 그대로 온전히 느끼고 관찰하도록 한다.

숨이 나갈 때도 몸에서 느껴지던 압력이 어떻게 줄어들어 가는지 매 순간의 변화를 놓치지 않고 잘 느끼며 관찰한다.[1]

행위 명상

행위 명상의 원리도 호흡 명상과 유사하다. 평소 의식하지 않던 호흡과 감각을 관찰하며 안정을 취했듯, 행위 명상 역시 평소 습관적으로 해 왔던 행위를 관찰하고 감각을 느끼는 것으로 시작한다. 한 번에 여러 가지 일을 하지 않고, 한 번에 하나씩의 행동만을 하며 일상에서의 반복적 행위에 대해 새로운 깨달음을 얻는 방법이다.

---

1   김정호. 『마음챙김 명상 매뉴얼』 솔과학. 2016. pp. 107-109.

아침에 일어나서 이불을 개고 화장실에서 이를 닦고 샤워를 마친 뒤 몸을 말리고 로션을 바르고 출근을 준비하며 소지품을 챙기는 이 과정은 짧게는 15분 안에 진행된다. 사업을 하거나 직장 생활을 하는 경우 이 일련의 과정에 오늘 해야 할 일과 어제의 실수, 그리고 보기 싫은 사람의 얼굴을 떠올리며 긴장과 스트레스를 축적하는 과정이 되기도 한다.

행위 명상은 자기 몸이 움직여서 습관적으로 해 왔던 자신의 행동을 나누어 관찰하고 느낀다. 일어나서 눈에 보이는 것들을 새롭게 둘러보고, 침대에서 일어날 때 발바닥과 다리, 허리의 느낌에 집중한다. 문을 열 때도 손잡이의 촉감과 돌릴 때 걸쇠의 움직임을 느끼고, 걸어서 화장실 거울을 보고 자신의 얼굴을 관찰한다. 칫솔을 살피며 집어 들고 치약을 짜서 입안에서 움직이는 솔질과 잇몸의 느낌 등을 하나씩 관찰하며 느끼는 것이다.

이때 중요한 것은 자기가 무엇을 하고 있는지, 행동 하나하나를 통해 아는 것이다. 자기도 모르게 이뤄지는 행동이 없도록 한다. 습관적으로 커피를 내리는 행동 역시 마찬가지다. 커피를 내리기 전에 '내가 지금 커피를 마시려 한다. 지금 내 몸은 커피를 원하는 것인가.'라는 인식의 과정을 거쳐서 행동을 관찰한다. 의자에서 일어설 때도 마찬가지로 자신이 일어나려고 한다는 의도를 똑똑히 알고 일어난다.

밥을 먹을 때 스마트폰을 보며 먹지 않고, 어떤 날은 시간을 내서 매일 가던 출근길을 돌아서 걸으며 골목을 관찰할 수도 있다. 모든 행동을 잘게 나누어 지나치게 세밀히 관찰할 필요는 없다. 그저 몸의 움직임 중 습관화된 것과 무의식적으로 행해지는 행위와 행위 사이에 '쉼'을 주어 자신이 무엇을 하고 있는지를 관찰하고 자각하면 된다.

이 과정은 처음에는 더러 번거롭게 느껴질 수 있다. 수행 초기에는 이 행동 하나하나를 하는 데 평소보다 시간이 더 걸린다. 하지만 이 과정에서 자신이 평소 반복적으로 해 왔던 행동 중 무의식적으로, 뚜렷한 동기 없이 하는 행위가 많다는 것을 알게 된다. 그리고 그 일의 대부분을 귀찮은 생존 활동을 단시간에 해치워 버리겠다는 마음으로 해 왔다는 것도 느끼게 된다.

이러한 행위 명상은 운전하는 동안 더 크게 다가온다. 평소 도로에서 시간을 버린다고 생각하며 보낸 시간이 사실은 스스로 감각을 둔하게 만들며 일상의 많은 행동을 성의 없이 하도록 관성적으로 만들었음을 알아차리게 된다. 출근을 위해 집을 나서자마자 허겁지겁 주차장으로 걸어가 오늘은 또 차가 얼마나 막힐까를 걱정하며 도로에 나서자마자 경주하듯 경쟁하는 일상이 무슨 가치가 있는지를 돌아보게 만든다.

이런 일상을 반복하면 삶의 목적을 잃기 쉽다. 사람은 왜 사는가. 호흡하기 위해 사는 사람도 없고 먹기 위해 사는 사람도 없다. 일상에서 선물처럼 주어지는 이 모든 감각을 느끼고 자신의 행동에 목적과 가치를 부여하는 사람이야말로 '순간에 감탄하고 제 길을 찾아 사는 사람'이다. 이런 깨달음은 행위 명상의 중요한 목표 중 하나이기도 하다.

몸과 마음의 진정한
요구 들여다보기

자율신경실조증이라는 병이 있다. 교감신경계와 부교감신경계가 상호 호응하지 못해 오작동을 하게 되는 병이다. 자율신경계는 내분비계와 내장 기관의 기능을 조절하는데, 교감신경계와 부교감신경계가 짝을 이뤄 몸의 항상성을 유지한다. 가령 심장박동을 촉진하는 역할을 교감신경계가 하고, 이를 억제하는 역할을 부교감신경계가 담당한다. 동공을 확대하는 것은 교감신경계가 하고 동공을 축소하는 것은 부교감신경계가 담당한다. 위장과 간, 콩팥, 신장 또한 마찬가지다.

자율신경실조증의 증상은 다양하다. 만성적인 소화불량, 두근거림, 수면장애, 변비와 설사, 얼굴이 시도 때도 없이 달아오르고, 손발이 차갑고, 앉았다 일어날 때 머리가 멍하고 어지럽고, 작은 일에도 화가 나고 신경질적으로 되고, 긴장이 지속되는 현상이 대표적이다.

자율신경실조증 환자는 매해 늘고 있는데, 이 병만을 전담하는 병원도 생길 정도다. 증상이 심해져서 찾아온 환자들은 대부분 자신이 좀 예민한 편이라고 말한다. 하지만 의사들은 입을 모아 스트레스가 그 원인이라고 진단한다. 뇌가 지속해서 스트레스를 받으면 뇌의 혈액 순환

기능이 떨어지고 호르몬 작용과 신경 명령 체계가 고장 나기 시작한다. 아무 이유 없이 심장이 두근거리는 증상은 부교감 신경이 나서야 할 때 뇌가 잘못된 명령을 내려 교감신경이 항진[1]하기 때문이다.

이 일련의 과정이 반복되면 스트레스로 인해 자율신경 기능이 망가진다. 이것이 바로 자율신경실조증이다. 자율신경실조증을 완화하고 고치는 원리는 간단하다. 뇌와 자율신경계에 휴식을 주는 것이다. 약으로 고칠 수 있는 것이 아니기 때문이다. 휴식을 통해 몸이 가진 본래의 기능을 회복시키는 과정이 바로 치유의 과정이기도 하다.

흥미로운 점은 이 자율신경실조증을 앓는 사람들 대부분이 통증을 먼저 완화시키려 했다는 것이다. 무기력한 사람은 에너지 드링크를 마셨고, 근력이 부족해서 생긴 병이라 짐작한 이들은 근력 운동을 강화했다. 모두 자율신경계를 극도로 긴장시켜 단기간에 악화시키는 잘못된 행동들이다. 잠을 못 자는 이들은 수면제나 신경안정제를 투여했고, 손발이 차가운 사람들은 한의원에 가서 수족냉증에 좋은 약을 처방받았다. 스트레스로 인해 몸과 마음이 적절한 휴식을 얻지 못해서 생긴 병인데 환자들은 모두 개별적 증상만을 치유하려 한 것이다. 스트레스가 만병의 근원이라는 말은 익숙하게 들어왔지만, 정작 자기가 받은 스트레스로 인해 병이 생길 것으로 생각하지 않았다.

---

1   신경 계통의 반응이 정상보다 높아지거나 강화된 상태.

명상에서는 몸에서 일어나는 여러 증상, 특히 통증 또한 잘 관찰하며 명상을 통해 해당 통증이 내려가는지를 확인한다. 편안히 몸을 눕혀 몸이 말하는 소리를 경청하며 자신의 증상의 변화를 관찰하는 것이다. 명상을 통해 완화되는 경우가 있고, 명상 수련을 해도 아픈 경우가 있다. 중요한 것은 통증을 통해 자기 몸을 진단하고 작은 변화를 놓치지 않고 각성하는 것이다. 명상은 스트레스 완화에도 도움이 되지만, 통증을 통해 자기 몸의 변화를 빨리 알아차리게 돕기도 한다.

도파민 중독에서 마음의 항상성 찾기

애나 렘키(Anna Lembke) 박사는 스탠포드 대학의 정신과 의사이자 뉴욕타임스 베스트셀러인 『도파민네이션』의 저자다. 그는 현장에서 약물 중독, 행위 중독에 빠진 환자를 상담하며 중독의 메커니즘을 연구했다. 그녀의 주장은 흥미롭다. 지난 100년간 뇌과학에서 가장 중요한 발견 중 하나는 쾌락과 고통을 처리하는 뇌의 부위가 동일하다는 것이다. 즉, 쾌락을 처리하는 부분이 고통도 처리한다는 것이다.

쾌락과 고통은 마치 저울의 양끝처럼 작동하고, 뇌는 이 균형을 위해 도파민과 스트레스를 활용한다. 쾌락에 오래 머물거나 고통에 빠져 있는 상황 자체를 뇌는 스트레스로 인식한다. 고통스러울 땐 쾌락을 얻을 수 있는 물질과 행동으로 이동하라고 명령하고, 쾌락에 오래 빠져 있을 때에는 그 쾌락이 지속되지 못하도록 도파민의 분비를 줄여 고통을 서서히 증가시킨다고 한다.

우리 인간의 뇌는 수천 년 동안 그 기능이 향상되어 왔지만 변하지 않은 것이 있다면, 그것은 바로 고통을 피하고 쾌락을 얻도록 설계된 원시적 '보상경로 기능'이다. 뇌 과학자들은 이를 '파충류 뇌'라고 부른다. 쾌락 쪽으로 기울어진 뇌가 다시 균형을 복원하려 하면, 뇌는 균형의 정점을 향하는 것이 아닌 쾌락만큼의 고통 지점으로 기운다. 바로 '대립 과정 반응'이다. 이 고통을 회피하기 위해 사람들은 기존의 쾌락보다 더한 쾌락을 원하게 된다.

그런데 중요한 점은 뇌에서 분비되는 도파민과 스트레스가 쾌락에서 쉽게 빠져나가지 못하도록 작동한다는 것이다. 유사 자극에 반복적으로 노출될수록 그 쾌감 반응은 약해지고 지속 시간도 짧아지는데, 이를 중단했을 때의 고통은 과거보다 훨씬 커진다. 그래서 초콜릿을 하나 더 먹고, 카지노를 다시 찾고, 성 행위에 집착하고, 스마트폰을 다시

행동을 멈추고 자기를 관찰하는 것만으로도 우리는 영적으로 성장할 수 있다

컨다. 이 과정이 반복되면 너무 많은 도파민이 분비되어 원시적인 뇌가 처리할 수 없게 되어 도파민 보상 경로가 파괴된다. 그리고 이 행위를 중단했을 때의 고통은 더욱 커진다. 바로 금단증상이다.[2]

렘키 박사가 중독에 빠진 환자들에게 처방한 요법 중 주목할 만한 대목이 있다. 환자들에게 중독 행위를 중단했을 때 몸에 찾아오는 고통을 그저 지켜보며 관찰하라는 것이다. 자신이 중독되었음을 가장 명백히 알 수 있는 방법은 그것들을 제거한 후에 몸에서 일어나는 반응을 지켜보는 것이라고.

그는 요가와 명상, 운동을 병행하라고 요구한다. 이 관찰을 통해 처음에는 고통만이 보이겠지만, 서서히 한 점씩 고통이 사라지고 그 대신 다른 생활적 보상과 심리적 안정감이 깃들기 시작하는데, 이것이 바로 명상이 주는 효과라는 것이다. 명상은 중독에 빠진 이들이 스스로 동기부여를 하게 해 주고 도파민이 아닌 소소한 행복감에서 마음의 항상성을 추구하도록 도와준다고 한다.

집중과 영적 각성을 위한 도구

중요한 프레젠테이션이나 미팅을 앞두고 있을 때는 '질문을 통한 명

---

2   애나 렘키. 김두완 역.『도파민네이션』흐름출판. 2022.

상'을 하는 것도 도움이 된다. 보통 발표와 연설을 도와주는 코치들은 이미지 트레이닝과 반복적인 발성 연습을 강조한다. 자신이 서야 할 장소를 끝없이 생각하고, 머리가 아니라 몸이 기억할 정도로 연습해서 시선과 발성, 호흡을 안정적으로 관리할 수 있을 때까지 준비할 것을 요청한다.

물론 이런 훈련은 매우 중요하다. 훈련은 자신감을 심어 주고, 이 과정에서 반복적으로 이미지 트레이닝을 할 수 있기 때문이다. 이 시기에 질문을 통한 명상을 하면 보다 본질적인 가치를 놓치지 않을 수 있다. 중대한 프레젠테이션일 경우 지금까지 작성했던 원고와 이미지에 집착할 것이 아니라 보다 근본적인 질문을 던지는 것이 좋다.

- 참석자들이 듣고 싶어 하는 것은 무엇일까?
- 발표를 듣고 난 참석자들의 머리엔 무엇이 가장 강렬하게 남아야 하나?
- 발표할 메시지를 한 문장으로 요약한다면, 현재 구성은 적합한가?
- 분위기를 더욱 긍정적으로 듣게 만들 에피소드는 무엇일까?
- 그들을 위해 내가 줄 수 있는 최선의 것은 무엇일까?

이것은 중요한 사업상의 미팅이 면접이 있을 때도 효과가 있다. 그 무엇을 잘하는 것보다 중요한 것은 그것 자체의 가치에 대한 각성이다. 때로 우리는 사업을 얻지만 사람을 잃기도 하고, 작은 이익을 얻지만 중대한 가치를 잃기도 한다. 또 오랫동안 사귄 친구를 감정 다툼으로 잃기도 한다. 일상의 중요한 기점마다 명상을 통해 본연의 가치를 물어

보는 과정을 통해 우린 지혜를 얻을 수 있다. 심지어 간밤에 마음이 크게 동해서 어떤 물건을 사기로 마음먹었을 때도 자신에게 물어볼 수 있다. "이것이 정말 나에게 필요한 것인가?" 이 작은 질문 하나로 다수 대중의 욕망과 트렌드를 따라가는 소비가 아니라 나만의 지혜로운 소비 활동을 할 수도 있다.

성경에 나온 예수의 기적을 놓고 한 영적 지도자는 이런 이야기를 들려주었다.

예수가 한 마을을 지나다 술에 취해 지붕 위에서 소리를 지르고 있는 남자를 보았다. 예수가 물었다.

"그대는 왜 술에 취해 인생을 낭비하고 있는가?"

남자가 대답했다.

"주님, 저를 잊으셨습니까? 당신께서 죽어 가던 저를 살리신 분이십니다. 이제 완벽히 건강합니다. 이 건강한 몸을 가지고 술에 취하지 않고 배기겠습니까?"

더 길을 걷자, 이번엔 매춘부의 뒤를 쫓는 사내를 발견했다. 예수가 물었다.

"그대는 왜 두 눈을 이런 일에 사용하는가?"

사내가 답했다.

"주님, 저를 잊으셨나이까? 저는 장님이었습니다. 당신의 손길이 닿는 순간 저는 눈을 떴습니다. 그러니 지금 이 두 눈을 가지고 할 수 있는 일이 무엇이겠습니까?"

큰 슬픔을 느낀 예수는 마을 밖에서 울고 있는 한 남자를 보고 물었다.

"그대는 왜 울고 있는가?"

그러자 사내가 답했다.

"당신께서 죽었던 저를 살리셨습니다. 그러나 저는 이 생명을 가지고 무엇을 해야 할지 모릅니다."[3]

물론 이것은 순전히 성경에 나온 이야기의 막후를 상상한 것에 불과하다. 스스로 깨어나 자신에게 삶의 목적을 묻지 않는다면, 어느새 영적으로 둔감해져서 감탄과 감사, 진정한 삶의 가치를 망각한 사람으로 살게 될지도 모른다. 소비자본주의가 그렇게 살도록 강제하기 때문이다. 매일 눈을 뜨는 이유가 돈을 벌기 위해서이고, 돈을 버는 이유는 좋은 집과 음식, 큰 차와 자녀에게 좋은 교육을 주기 위해서라고 생각하기 쉽다. 하지만 그것은 성공이 주는 작은 보상에 지나지 않는다. 진정으로 성공한 삶은 가치에 있다.

다음은 옛날 그리스에서 전해 오는 민담이라고 한다.

한 왕이 중병에 들어 죽을 날만 기다리고 있었다. 그때 파키르[4]가 마을에 들러 설법했다. 파키르가 축복하면 아픈 사람도 낫는다는 말을 들은 왕은 그를 궁전으로 불렀다.

---

3   오쇼. 마 디안 프리폴라 역. 『명상』 지혜의나무. 2016. p. 166.
4   이슬람과 힌두교의 수행자, 고행자를 뜻한다.

파키르는 왕을 본 순간,

"이건 결코 병이 아닙니다. 왕이시여, 이것은 간단한 치료로 해결할 수 있습니다."

라고 말했다. 귀가 번쩍 뜨인 왕이 그 치료법을 물었다. 파키르가 말했다.

"이 마을에서 부유하면서 평화로운 자의 외투를 가져오도록 해서 그 외투를 입으면 낫게 되실 겁니다."

궁전의 관료들은 온 마을의 부유한 사람에게 찾아가 행복한지를 물었다. 하지만 마을 부자 중 행복하다고 말한 자는 한 사람도 없었다. 그들은 이제 마을 전체를 뒤지며 주민에게 물었다. 해 질 무렵이 되어서도 그들은 부유와 행복을 모두 가진 자를 만날 수 없었다.

모든 것을 체념하고 돌아가는 길 강가에서 그들은 피리 소리를 들었다. 그 소리에는 기쁨과 축복이 가득했다. 그들은 피리 부는 자에게 다가가 왕을 위해 외투를 달라고 간청했다. 하지만 피리 부는 사람이 말했다.

"나에겐 외투가 없소."

그는 벌거벗고 있었다.

이 우화는 물질적 풍요와 마음의 행복 간의 간극을 잘 드러내고 있다. 인류가 성취한 과학기술과 문명이 행복까지 주었냐면 그건 모를 일이다. 명상은 삶의 진리와 진정 자신이 원하는 가치를 잃어버리지 않게 도울 수 있다.

음악 치유

　음악이 가진 위대한 힘에 대해서 모르는 이가 없지만, 음악이 실제로 사람의 심리와 정서, 관계 치유의 수단으로 사용되며 그 효과가 탁월하다는 사실은 많이 알려지지 않았다. 미국을 위시한 유럽의 주요 음대에서는 음악 치유가 매우 중요한 수업으로 진행되고 있다.

　음악 치료사는 해당 분야의 전문가가 되기 위해 8년 정도의 연구와 수련을 한다. 이렇게 훈련된 음악 치료사들은 학교와 병원, 직장에서 활동하기도 하고 발달장애나 다운증후군을 가진 아동을 치유하거나 참사와 범죄의 트라우마 피해자와 공황장애를 앓는 이들을 돕기도 한다. 한국에서는 아직 학부 과정에 해당 프로그램이 없고, 대학원 과정에서 이를 다루고 있다. 이화여대 대학원, 숙명여대 대학원, 성신여대 대학원, 경성대 대학원 등에서 음악 치료 전공 과정을 운영하고 있다.

담장 안에 흐른 오페라

　음악이 주는 혜택과 정신적 효능에 대해선 일반인들도 경험을 통해 체감하고 있다. 수험생은 긴장을 해소하기 위해 음악을 듣고, 출산을 앞둔 산모의 안정을 위해 평소 즐겨 듣던 음악을 틀어 주기도 한다. 깊은 우울감에 젖은 이는 처음에 자신의 감정에 어울리는 음악을 선택해 들으며 위로를 얻다가 점차 기분을 끌어올리는 음악을 배열해 스스로를 치유하기도 한다.

영화 〈쇼생크 탈출〉의 한 장면을 떠올려 보자. 주인공 앤디는 교도관이 화장실에 간 틈을 타서 방송실에 들어가 문을 잠그고 동료 재소자를 위해 음악을 송출한다. 모차르트의 《피가로의 결혼》 중 이중창 〈저녁 산들바람은 부드럽게〉였다. 천상의 목소리가 교도소를 감쌌다. 앤디가 오디오 볼륨을 올리자, 운동장에 있던 재소자들은 그 순간만큼은 인간으로서의 아름다움과 고귀함을 만끽한다.

음악은 기억에도 뚜렷한 자국을 남긴다. 어떤 노래는 연인과 함께 걸었던 눈길을 떠올리게 하고, 또 어떤 성가는 초등학교 시절 부활절 달걀 앞에 모여들었던 동무들과의 추억을 소환한다. 하지만 어떤 음악은 세월이 흘러도 상처를 준다. 불우하고 처절했던 순간 들려왔던 음악이나, 자신을 정신적으로 학대했던 이가 늘 흥얼거렸던 노랫말은 듣는 순간 몸을 굳게 만들 수도 있다.

가끔 군 시절을 혹독하게 보낸 청년들이 서로 장난치는 동영상이 올라오는데, 곤히 잠든 친구의 귀에 기상나팔 소리를 들려주는 장면이었다. 소스라치게 놀란 친구는 허겁지겁 바지를 입으려 두리번거리고 친구들은 배를 잡고 웃는다. 이렇듯 몸에 각인된 음악은 무의식중 행동까지 통제하게 만드는 힘이 있다.

모차르트 이펙트의 진실

음악의 효능에 대한 관심이 높아지면서, 기업들은 음악을 상업적 목적으로 더 많이 팔기 위해 이름을 붙이기도 했다. 집중력을 높이는 음악, 우리 아이 영재로 만드는 음악, 태교를 위한 음악, 좋은 우유를 만들기 위해 암소에게 들려주는 음악 등…. 음악의 효능을 강조하기 위해 언론사들이 유포한 단어 중 가장 유명한 것이 아마 '모차르트 이펙트(Mozart effect)'라는 단어일 것이다. 이 이야기는 1993년 미국 위스콘신 대학 연구팀이 네이처에 발표한 논문으로 거슬러 올라간다.

연구팀은 실험에 참여한 학생들을 3그룹으로 나누어 '음악이 공간 추리력에 어떠한 영향을 미치는지'에 대해 알아보았다. 1그룹에겐 편안히 말을 걸었고, 2그룹에겐 그냥 가만히 앉아 있게 했으며, 3그룹에겐 모차르트 피아노 음악을 들려주었다. 10분 동안 위와 같은 행동을 하게 한 후 공간 추리력 테스트를 진행한 결과, 모차르트 음악을 들은 3그룹이 다른 두 그룹보다 좋은 성적을 거두었다는 내용이다. 언론사들은 모차르트 음악이 사람의 머리를 좋게 만들 수 있다며 기사를 썼는데, 이때 사용된 단어가 바로 '모차르트 이펙트'였다.

국내의 음반 업계가 이를 놓칠 리 없다. 아이 머리가 좋아지는 태교 음악이라는 라벨을 붙인 모차르트 전집이 엄청나게 팔려 나갔다. 사실 당시 연구진이 학생들에게 들려주었던 음악은 각성도를 높이는 음악이어서 산모들에게 권할 만한 것은 아니었다. 그렇다면 연구 결과는 진실일까? 그렇지 않다. 나중에 다른 연구팀이 한 실험에 따르면 모차르트 음악이 아닌 다른 음악을 들려주어도 유의미한 반응을 끌어

낼 수 있었는데, 음악에 따라 경각심과 집중력이 높아지기도 했고, 숙면에 드는 시간을 단축하거나, 운전 중 심리적 안정감을 높여 주기도 했다.

이후 행동 심리학자들의 연구에 의해 음악의 다양한 영향력이 규명되기 시작했다. 기업들은 소비를 촉진하기 위해 백화점에 특정 음악을 사용했고, 브랜드 아이덴티티(identity)를 위해 제품 광고에 징글(jingle)[1]을 붙이고 정부는 긴 터널에서 사고를 줄이기 위한 장치로도 활용했다. 핵심은 모차르트가 아니다.

의료적 음악 치료의 확장

음악 치료는 2차 세계대전 이후에 병원에 소극적으로 도입되기 시작했다. 1950년대 미국의 일부 정신과 의사들이 병동에서 음악을 사용했고, 이후 소아전문병원 등에서 음악 치료를 시작했다. 당시에는 의료진 사이에 음악을 활용한 프로그램의 장점이 알려지기 시작했지만, 과학적 임상을 거친 것이 아니었기에 오락 프로그램이나 환자들의 기분 전환을 위한 방편 정도로도 인식되었다.

1970년대에 이르러서 정신과 병동이 많아지고 전문직의 다양한 치료

---

1 소비자들에게 해당 기업 브랜드를 각인시키기 위해 사용하는 짧은 기업의 로고송. 맥도널드는 "맥도널드"를 사용하다가 "빠다빠빠바"로 바꾸었고 MBC는 "만나면 좋은 친구 MBC 문화방송"을 사용했다.

법이 도입되면서 음악요법이 정규 프로그램으로 자리 잡기 시작했다. 특히 정신질환자에게 음악요법이 행동과 정서 변화를 적극적으로 이끌었다는 연구가 발표되고, 수술 후 통증을 경감시키고, 암 환자의 투병 과정에서 우울증을 개선했다는 연구가 잇따르면서 음악치료는 더욱 활성화되었다.

비언어적 치유의 효과

음악 치유는 단순히 사람의 기분과 감정에 영향을 미치는 것에 그치지 않는다. 실질적인 치유를 목적으로 하는 경우가 더 많다. 음악 치유가 가진 놀라운 매력 중 하나는 비언어적 소통을 통한 치유 프로그램이라는 점이다. 정신적 고통을 호소하는 내담자와 상담하기 위해선 서로 언어가 필요하다. 내담자는 자기 생각과 증상을 말로 표현해야 하고, 상담사는 인내심 있게 듣고 신중하게 말해야 한다. 하지만 정신증을 앓거나 마음에 병이 있는 사람에게 때로 언어란 거대한 장벽이 될 수 있다. 음악 치유는 언어 없이 음악만으로도 소통이 가능하다는 점에서 발달장애, 정서장애, 학습장애, 성격장애, 트라우마와 통증으로 힘겨워하는 이에게 큰 도움을 줄 수 있다.

치유에는 능동적 치료와 수동적 치유가 있는데, 수동적 치유는 음악을 들려주어 반응을 환기하며 음악적 맥락을 제공한다. 주로 음악의 변형 없이 원곡을 들려주는 방식으로 활용한다. 능동적 치료는 대상자와 함께 음악을 만들기도 하고, 음악에 노랫말을 붙이거나 음악에 따라 악기를 들고 자신의 감성을 소통할 수 있도록 해 준다.

한 음악치료사는 눈조차도 껌벅일 수 없는 중증 사지마비 환자에 대한 음악 치료 경험을 삶에서 가장 소중한 치료였다고 소개했다. 해당 환자는 의사 표현을 할 수 없지만 분명히 들을 수는 있을 것이라고 의사가 말해 주었다. 환자가 의사 표현을 전혀 할 수 없었기에 치료사가 할 수 있는 일이란 그저 환자가 즐겨 듣던 노래와 음반을 참고해서 그 음악을 들려주는 것뿐이었다. 그렇게 손을 잡아 주며 노래를 들려주길 수 개월. 어느 날 환자는 음악에 맞춰 손끝을 조금씩 움직였고 이후 나중엔 눈동자를 껌뻑이며 조금씩 소통을 시작했다. 환자가 듣고 싶어 하는 음악을 고르거나 그 반응을 확인하는 것만으로 훌륭한 치유 프로그램이 된다.

음악 치유는 주의력결핍장애를 가진 아동 등에게도 효과가 있다. 음악 치유를 원하는 학부모들의 희망은 대부분 거창한 것이 아니다. 우리 아이가 1분이라도 무엇인가에 집중할 수 있도록, 때로는 가만히 앉아서 밥을 먹을 수 있도록 도움을 달라는 내용도 많다. 산만하게 주변을 두리번거리며 쉴 새 없이 뛰어다니던 아이가 어느 순간 타악기나 파도 소리를 내는 오션 드럼, 글로켄슈필 등을 두드리며 상담자가 내는 음악에 반응해서 집중하기 시작하고, 음악으로 자신의 감정을 솔직하게 표현하고 그 과정에서 서로에 대한 예의도 배우게 된다. 소리 지르거나 몸을 움직여 표현하던 소통에서 음악적 소통으로 성장하게 되는 것이다. 물론 이 치유 과정은 꽤 긴 시간을 요구한다.

내담자와 소통하는 노래심리치유

음악 치료 중 노래심리치유는 매우 적극적인 심리치료 기법이다. 노래 부르기, 노래로 대화하기, 노랫말 바꾸기, 노래 회상하기, 노래 만들기, 노래에 맞춰 몸 움직이기, 노래로 이야기 전달하기, 노래 들으며 그림 그리기 등 현장에서 활용할 수 있는 프로그램은 무궁무진하다.

내담자는 노래의 가사나 선율과 같은 음악적 맥락을 이용해서 자신의 무의식적 반응과 갈등에 대한 반응을 표현할 수 있다. 노래에서 내담자가 선택한 가사는 종종 중요한 소망이나 기억을 반영한다. 내담자는 자신의 문제, 과거, 현재의 욕망이나 행복, 외로움 등의 감정을 노래로 전달하고 이를 표현하면서 객관화하고 통찰할 수도 있다. 이를 통해 자기 이해와 수용, 자기표현과 감정의 적절한 방출, 삶의 더 큰 의미와 성취, 타인과의 관계 개선에도 도움을 받는다.

노래는 재활치료를 위해 사용되기도 한다. 사고나 심혈관 질환, 설암 등으로 발음과 억양 재활을 해야 하는 환자들에게도 효과적이다. 노래의 선율을 이용해 억양을 치료하거나, 음악적 말하기를 통해 말을 하는 데 필요한 신경세포의 민감성을 회복시키기도 한다. 선율억양치료 중 음악적 말하기 방법은 실어증 환자에게도 사용된다. 익숙한 노랫말을 이용해 인지기능을 활성화시키고, 노래를 불러 환자의 호흡과 발음을 끌어올리기도 한다. 치료 목적에 걸맞은 노래를 선별해 환자와 함께 노래를 부르며 발성과 폐 기능 등을 끌어올릴 수 있다.

음악 치유가 발달장애나 재활에만 사용되는 것은 아니다. 조현병과 같이 정신과에서 치료하기 어려운 질병에도 사용된다. 조현병 환자들은 자신과 타인에 대한 부정적으로 인지하는 경우가 많다. 또 감정에 대한 느낌을 표출하는 데 매우 거칠다. 또한 타인과의 사회적 경계선이 흐릿해서 타인의 행동을 강제로 억제하려 들거나 자기감정을 부정적 방법으로 표출하곤 한다.

조현병 환자를 대상으로 한 임상 치료에서 음악 치유는 모두 유의미한 성과를 도출했다. 타인에 대한 인식과 경계에 대한 긍정적 인식은 물론, 억압되고 부정적으로만 인식했던 자신과 타인에 대한 인식에도 변화를 주었다. 무엇보다 음악 치유는 위협적이지 않고, 대상자를 프로그램의 주체로 세우는 방식이기에 동기 유발 면에서 성공적이었고 함께 수업에 참여한 동료와의 관계도 더 원만해진 것을 확인할 수 있었다.

자가 치유에 정해진 음악이란 없다

서두에서 전제했듯이 음악의 힘은 위대하고 그 효능도 다양하다. 위중한 질병이나 증상에만 음악 치유가 필요한 것이 아니라, 현대인 모두에게 음악 치유는 필요하다. 그리고 많은 사람은 음악 치유에 관한 이론적 지식이 없어도 스스로 프로그램을 만들어 활용하고 있다. 업무에 집중하고 싶을 때 듣는 음악과 자기 전에 몸과 마음을 이완하기 위해 선별한 음악 등을 플레이리스트로 정리해서 활용할 수 있다. 이때 음악은 자신이 좋아하고 실제 적용했을 때 효과를 보았던 것을 중심으로 선별하면 된다. 음악 치유에 사용하는 음악이 정해져 있는 것이 아니다.

업무상 스트레스가 많을 경우 집에 돌아오자마자 음악과 명상을 병행하는 것도 좋은 방법이다. 특정 사건으로 화가 치밀어 오르거나, 특정 대상에 대한 분격심 또는 두려움이 가득 찰 때 역시 음악을 이용해 현실 문제에 약간 거리를 두는 것도 도움이 된다. 운동을 지속하기 위해 음악을 들으며 지루함과 고됨을 달래는 것도 좋다. 응접실을 좋은 음악을 듣고 책을 보는 공간으로 설정하는 것도 권장한다. 식구들이 귀가했을 때 저마 TV나 스마트폰을 보기 위해 흩어지는 문화에서 가족 전체가 힐링하는 문화로 탈바꿈할 것이다.

동물 매개 심리치료의 효능

인간은 동물에게 위안을 얻는다

인기 있는 TV 프로그램인 〈개는 훌륭하다〉에 헬퍼 독이 등장한 적이 있다. 과거 학대받았던 기억 때문에 입양된 후에도 주인의 손길을 거부하는 개에게 헬퍼 독이 다가가 심리적 안정을 유도하고, 금방 친구가 된 헬퍼 독은 이후 주인의 품으로 가서 "주인이 만져도 안전해."라는 것을 보여 주었다. 이후 천천히 주인 곁에 머물던 개는 결국 헬퍼 독의 안

내에 따라 주인의 손길을 받아들였다. 오랫동안 애견의 머리 한 번 쓰다듬어 주지 못했던 견주의 오랜 소망이 풀리는 순간이었다.

이때 헬퍼 독의 역할은 개와 견주를 이어 주는 감정의 매개체였을 것이다. 헬퍼 독은 이름처럼 다른 개의 훈련과 트라우마의 치유를 돕는 개다. 사람은 아주 오래전부터 개의 도움을 받아 왔다. 애견과 교감하며 기쁨과 슬픔을 나누었기에, '반려견'이라는 단어가 만들어지기 이전에도 이미 견주들은 자신의 애견을 생의 동반자라고 여겨 왔다. 그래서 동물에게 느끼는 인간의 특별한 감정, 안도감과 포근함, 친밀함 등의 순기능에 주목한 사람들은 동물을 이용해 사람의 마음을 치료하려고 시도했다.

2016년 캐나다 서스캐처원 대학교 연구팀에 따르면, 치료견이 응급실 환자들에게 도움이 된다는 유의미한 결과가 나왔다. 응급실을 방문한 치료견들과 만난 환자들은 불안 감소(47%), 통증 감소(43%), 우울증 개선(46%), 전체적으로 웰빙(41%)을 경험했다고 한다. 연구원들은 치료견들이 스트레스 호르몬인 코르티솔과 혈압, 심박수와 같은 지표에도 영향을 끼쳐 통증 완화에 직접적인 영향을 미칠 수 있다고 말하기도 했다.

그뿐만 아니라 치료견은 응급실 환자들은 물론, 일하는 직원들의 스트레스 지수도 낮추어 주었다는 연구 결과가 있는데 인디애나 대학 연구진들은 스트레스가 많은 응급실에서 일하는 의사와 간호사의 스트레스 지수가 치료견과의 상호작용으로 낮아지는 것을 발견했다. 치료견과 단지 5분의 시간을 보냈을 뿐인데도 이러한 결과가 나왔다면, 동물 매개 치료의 효과가 상당히 크다는 것을 알 수 있다.

동물이 심리치료에 활용된 예는 9세기 벨기에에서 지역 장애인에게 제공한 재활복지 서비스에서 자연치료 프로그램의 일부로 동물을 활용한 것이 시작이라고 한다. 이후 1972년 영국 요크셔 정신장애인 수용소에서 토끼와 닭 등을 사육하며 자기 통제력을 향상시키는 프로그램을 환자에게 적용한 사례도 있다. 최근 반려동물과 함께 생활하는 사람들이 많아지면서 주목받고 있지만, 사실 무척이나 오래된 역사를 지닌 치료 방법이다.

특히 우리 사회가 점차 고령화로 접어들고 1인 가구가 늘어나면서 반려동물을 가족으로 맞는 경우가 많아졌다. 이렇게 동물과 함께 생활하는 것이 사람의 정서에 좋고, 안정감을 줄 뿐만 아니라 치매 예방은 물론 심리 치유 효과도 있다는 연구 결과가 계속 나오고 있다.

동물 매개 심리치료(AAT)란 살아 있는 동물을 활용하여 대상자의 치유 효과를 얻는 보완대체의학적 요법이다. 일정한 훈련과 검증을 거쳐서 자격을 갖춘 치료 도우미 동물을 활용해서 심리치료와 재활치료를 돕는다. 특히 과도한 스트레스로 우울증과 공황, 불안 장애 등을 겪고 있는 현대인들에게 심리적인 안정을 주는 치료가 늘어나고 있다.

동물 매개 치료는 동물과의 정서적 교감을 통해 심리적으로 고립된 현대인의 스트레스를 낮추고 자신감을 높여 주는 대체의학이자 치료 보조 수단이다. 동물의 도움을 받아 심리치료를 수행한 이들은 우울증, 불안증, ADHD, 자폐증, 스트레스, 외상 후 스트레스 장애(PTSD) 등에 큰 도움을 받았다고 밝힌다.

동물 매개 심리치료는 다양한 방법으로 진행된다. 가장 일반적인 방법은 동물과 함께 놀거나 산책하는 것인데, 동물과 함께 시간을 보내면 스트레스가 줄고 행복감을 느낀다. 또 동물은 사람에게 긍정적인 감정을 불러일으켜, 우울증과 불안증을 완화하는 데에도 도움이 된다. 이 치료 방법은 연령에 상관없이 어린이 · 청소년 · 성인 모두에게 효과가 있다.

사회 심리적으로 어려움을 겪는 이라면 누구나 동물 매개 심리치료를 받을 수 있는데, 특히 아동에게 효과가 큰 것으로 나타났다. 아이들의 사회성과 의사소통 능력, 정서 발달을 촉진하는 데 도움을 주었다. 이 치료의 중요한 강점은 부작용이 거의 없고, 누구나 쉽게 참여할 수 있다는 것이다. 치료 기간이 매우 짧은 데도 치료 효과는 길다. 치료비용이 상대적으로 저렴하다는 것도 장점이다.

동물 매개 심리치료에는 다음과 같은 효과가 있다.

– 스트레스 감소

– 행복감 증가

– 우울증 완화

– 불안증 완화

– ADHD 개선

– 자폐증 개선

– 외상 후 스트레스 장애(PTSD) 개선

– 사회성 향상

- 의사소통 능력 향상

- 정서 발달 촉진

- 삶의 질 향상

동물 매개 심리치료는 다음과 같은 방법으로 진행될 수 있다.

- 동물과 함께 놀기

- 동물과 함께 산책하기

- 동물과 함께 책 읽기

- 동물과 함께 이야기하기

- 동물과 함께 운동하기

물론 동물 매개 심리치료가 성공적으로 수행되려면 대상자에게 적합한 동물을 고려해야 한다. 강아지를 싫어하는 데 강아지와 놀게 하거나 동물과 어울리는 데 신체적 제약이 매우 큰 경우엔 효과가 없을 것이다.

동물 매개 심리치료는 동물이 사람이 주지 못하는 것을 주기 때문에 유효하다. 훈련된 동물이 주는 무한한 사랑과 수용적 태도는 어려움에 봉착한 이들에게 많은 도움을 줄 수 있다. 특히 지적 장애와 ADHD를 앓고 있는 이들에게도 적용할 수 있다.

발달단계별 동물 매개 심리치료의 적용

아동

아동은 동물의 생명 현상을 느끼며 동물을 보살피고 이로 인한 책임감과 사랑을 베푸는 방법을 배우게 된다. 아동은 동물과의 유대감이 형성됨에 따라 동물의 행동 및 감정을 이해할 수 있게 되고 자신을 제외한 감정을 가진 생명체를 보살펴 주고 관심을 가짐으로써 생명에 대한 소중함, 존엄성 등도 함께 배울 수 있다.

▶ 정서적 도움

아동은 또래 관계 속에서 다양한 감정 경험을 하게 되는데, 여기엔 긍정적인 감정뿐 아니라 분노와 두려움, 질투와 걱정과 같은 부정적 감정도 포함된다. 이 부정적 감정이 적절하게 해결되지 못하고 트라우마로 남을 경우, 이후의 사고와 행동에도 부정적 영향을 미친다. 정서적 발달에 어려움을 겪는 아동은 도우미 동물과 직접 말은 통하지 않지만 눈빛·몸짓·행동 등을 관찰하며 요구사항을 파악하고 돌봐 줌으로써 감정에 대해 공감하고 돌봄의 주체가 되는 경험을 할 수 있다. 특히 위축되어 자기표현이 적은 아동은 그 어떤 감정 표현도 받아 주고 공감해 주는 동물의 무조건적인 수용을 통해 거부당할 두려움 없이 자신의 정서를 표현하는 데 도움을 받는다.

▶ 사회적 발달

아동은 학교생활을 통해 사회성이 발달되는데, 이 과정에서 따돌림을 당하거나 의견을 거부당하는 등의 실패를 경험하면 낮은 자아존중감과 좌절감, 실망감 그로 인한 관계 형성에 대한 두려움이 생성되기도 한다. 이러한 아동에게는 도우미 동물과의 정기적인 사회적 접촉을 제공함으로써 소외감을 감소시킬 수 있으며, 동물과의 상호작용을 통해 동물의 감정과 행동을 이해하는 것을 배움으로써 다른 아동들과의 관계에 있어서도 감정과 행동을 이해할 수 있게 되고 친밀감을 형성할 수 있도록 도울 수 있다.

청소년기

청소년기에는 아동기 때보다 인지적 능력이 발달하면서 추상적인 사고가 가능하다. 경험하지 못한 사실에 대해 가설을 세우고 원인과 결과에 대해 생각할 수 있게 된다. 청소년기에 반려동물과의 정서적인 유대감을 경험한 사람은 생명에 대한 민감성을 키우고 자기의 사고와 행동을 도덕적으로 구성할 수 있다.

▶ 정서적 발달

반려동물과의 상호 교감은 불안감을 감소시켜 주고 상실감을 채워 줌으로써 청소년이 자아 정체감을 확립해 나가는 데 도움을 줄 수 있다. 청소년기에는 진학, 또래 관계, 이성 문제 등 다양한 선택과 결정을 해야 한다. 또 이 시기에 자신의 선택과 정체성에 대한 고민도 커진다. 자신의 삶의 목표와 정체성을 찾아가는 과정에서 부모 또는 타인과 갈등을 겪기도 한다. 그런데 반려동물은 모든 사람에게 차별 없이 변함없는 애정과 관심을 보이기에 강한 정서적·사회적 지지를 받는 경험을 하게 된다. 이런 치유 경험은 정체성을 확립해 가는 과정에서의 불안감과 혼란을 감소시켜 주고 인간관계에서의 외로움과 상실감 등을 채워 주는 역할도 한다.

▶ 사회적 발달

청소년기에 들어서면 스스로 의사를 결정하고 독립하고 싶은 욕구가 생긴다. 또한 자신과 유사한 갈등을 겪고 있는 또래와의 관계에서 공감을 얻어 스트레스를 해소하고 자신의 가치에 대해서도 확인하게 된다. 또래 집단에 큰 애착을 갖게 되고 강한 심리적 영향을 받으면서 사회적 발달이 이루어지고, 타인과의 관계 역시 확장되어 가는 시기다. 반려동물이 매개체가 되어 대화의 장을 열어 줌으로써 타인과의 상호 작용을 촉진하며, 이 과정에서 또래·타인 등 대인관계에서의 바람직한 사회적 기술들을 습득하고 발달시켜 줄 수 있다.

성인

성인기는 대체로 18~60세까지로 확장되나 성인 전기(18~40세), 성인 중기(40~60세), 성인 후기 또는 노년기(60세~)로 구분한다. 자녀가 독립하고 은퇴, 이혼 또는 사별 등의 경험으로 삶과 가족 구성이 재조직되는 경험을 하면 상실감을 크게 느낄 수 있다. 이때 반려동물을 직접 케어하면서 자녀를 양육하며 얻었던 충만한 행복감을 얻을 수 있고, 이 과정에서 상실감도 해소될 수 있다. 이는 독립한 자녀들에게도 효과가 있다. 가족과 떨어져 지내며 반려동물과 강한 정서적 유대를 맺으면 심리적으로도 안정된다.

노인

국제적으로 공용되는 노년기는 65세 이상이며 체력과 건강에 적응하고 알맞은 운동과 식단 관리, 지병이나 쇠약함에 대해 바르게 대처해야할 인생의 최종 단계를 말한다.

▶ 신체적 변화

반려동물과 함께 있으면 돌봄이 필수적이므로 몸을 움직이게 된다. 매개 치료 도우미견의 경우 함께 산책하는 활동이나 놀이 활동 등으로 자연스럽게 신체 활동을 하도록 동기를 부여한다. 삼시 세끼 챙겨 주기, 하루 1회 이상 산책하기, 배변 청소, 털 관리(목욕) 등 규칙적인 생활을 통해 노인의 건강관리에도 도움을 준다.

▶ 정서적 변화

반려동물의 존재는 주변 사람들의 죽음으로 인한 두려움, 사랑하는 사람들의 부재로 인한 슬픔·우울·좌절·무기력·자책감 등의 애도 감정, 상실감을 겪는 노인들에게 큰 위로가 된다. 삶에 대한 활력을 불어넣어 노인들에게 활동의 동기가 되어 주며 정서적 즐거움을 느낄 수 있다. 또한 반려동물들의 사람에 대한 변함없는 애정과 관심은 강한 심리적 지지를 제공하여 스트레스를 효과적으로 대처할 수 있게 하고 우울감을 낮추는 데 효과적이다. 타인과의 관계에도 윤활제 역할을 해 주어 사회성을 강화해 준다.

▶ 사회적 변화

반려동물이라는 공통의 관심사를 통해 서로 대화하고 상호 작용하며 타인과 접촉할 기회를 제공하여 노인들의 사회적 고립감을 해소한다. 과거에 키웠던 반려동물에 대해 대화를 나눌 수도 있고, 현재 만나는 도우미 동물들에 대한 느낌이나 애정을 공유할 수 있어 타인의 감정에 공감하며 유대 관계를 형성할 수 있다. 노인기에는 사회적 지위의 하락, 건강의 약화 등으로 심리적으로 위축되어 사회 활동에 소외되어 열등감이나 고독감 등에 시달릴 수 있다. 이럴 때 반려동물은 삶에 활력을 주고 공통의 관심사를 제공해 사회적 활동을 적극화하는 데 도움을 준다.

아로마테라피(aromatherapy)

향기 치료는 자연을 매개로 하는 치유 요법 중 하나로, 원예치료 분야에 속한다. 향기 치료는 향기(aroma)와 치료(therapy)를 결합하여 만든 용어로, 허브 혹은 약초와 같은 식물에서 발산되는 방향성 향이 아로마이고, 테라피는 치유 행위를 일컫는다. 따라서 향기 치료는 식물에서 추출하여 정제한 방향성 오일을 흡입하거나 마사지하는 방법을 써서 체내로 흡수시켜 질병의 예방 및 치료, 건강의 유지 및 증진을 도모하는 자연치유법이라 할 수 있다.

향기 치료라는 용어는 1928년 프랑스 화학자 가뜨포세(Gattefosse) 박사가 처음 사용하였고, 그 기원은 고대의 인퓨즈드 오일 사용까지 거슬러 올라간다. 고대 이집트 왕조에서는 아로마를 민간요법과 미라의 방부처리제로 사용하였으며, 벽화에도 파라오가 아로마를 즐기는 장면이 묘사되어 있다. 중국이나 인도에서도 향을 이용한 기록이 있고, 성경에서도 유향이나 몰약에 대한 기록을 찾아볼 수 있다.

14세기에는 유럽을 뒤덮었던 흑사병의 확산을 막고자 아로마를 사용하기도 했고, 제2차 세계 대전 당시에는 프랑스 의사 발레(J. Valnet)가 부상병 치료를 위해 아로마를 사용하였다. 이후에는 과학과 의학의 급속한 발전으로 아로마에 대한 관심이 다소 떨어지는 듯하였다. 그러다가 현대에 와서 약물치료의 부작용과 화학 성분의 중독 등을 염려하는 경향이 강해지고 자연에 의한 치료법을 선호하게 되면서 향기 치료는 새로운 부흥기를 맞게 되었다.

향기 치료의 기본 원리는 오일에서 나오는 향의 입자가 코의 점막을 통해 후각신경을 자극하면 뇌의 변연계에 그 향의 정보가 전달되는 것이다. 인간 뇌의 변연계는 감정을 다스리고 심박·혈압·호흡·기억력·스트레스·호르몬 균형 등에 직접적인 영향을 미치는 기관으로, 미세한 향유의 입자가 모공 및 땀샘으로 피부 속에 흡수되어 모세혈관을 통해 질병 치료에 영향을 준다.

아로마오일이 인체에 작용하는 형태는 향의 입자가 피부 속으로 흡수되어 호르몬 및 효소 계통과 반응하여 화학적 변화를 일으키는 약리학적 작용, 향의 입자가 인체에 작용하여 진정 혹은 상승효과를 일으키는 생리학적 작용, 코를 통해 흡입했을 때 그 향에 반응하는 심리학적 작용 등의 세 가지로 분류할 수 있다.

아로마오일의 입자는 아주 미세하여 체내 화학 계통과 직접 상호작용을 일으킬 수 있고, 지방에 용해가 쉬워 각종 지방질을 통해 체내 흡수가 잘되어 중추신경계와 같은 지방이 풍부한 조직에 쉽게 도달할 수 있어서 특정 뇌 영역을 자극하여 빠른 치료 효과를 볼 수 있다는 장점이 있다. 향기 치료는 마사지법, 목욕법, 흡입법, 습포법, 증발법, 확산법 등 다양한 방법으로 실시한다.

에센셜오일을 활용한 아로마테라피

아로마테라피(aromatherapy) 혹은 향기요법이란 식물의 향과 약효를 이용해서 몸과 마음의 균형을 회복시켜 인체의 항상성(homeostasis) 유지를 목표로 하는 자연요법(natural therapy)을 말한다. 아로마테라피의 역사는 인류 문명의 시작과 닿아 있다고 할 만큼 오래되었으며, 문화에 따라 다양한 방법으로 이어져 왔다. 약초를 이용한 우리나라의 한방 역시 일종의 아로마테라피로 볼 수 있다.

향기와 약효가 있는 식물(허브)을 치료에 이용하는데, 그중에서도 허브에서 추출한 에센셜오일(essential oil)을 주로 사용한다. 에센셜오일은 다양한 꽃, 뿌리, 잎, 나무껍질, 과일 껍질 등을 증류하거나 냉각 압축하는 과정을 통해 추출한 식물성 오일이다. 아로마테라피는 스트레스를 완화해서 면역력을 개선시키고 몸의 치유력을 높이며, 세포 재생을 돕는 효과가 있다. 따라서 일상에서도 많이 사용되며, 최근에는 암치료를 비롯한 다양한 질병 치료의 보조 치료요법으로도 널리 사용되고 있다.

마사지법은 에센셜오일이 피부에 스며들어 피부 각 층을 통과하고, 희석한 캐리어오일은 넓은 부위로 확산되어 세포 생성 및 노폐물 배출 과정을 촉진하여 피부의 생명력을 높이는 데 효과적이다. 목욕법은 물에 담그는 신체 부위에 따라 전신욕, 반신욕, 좌욕, 팔꿈치욕, 수욕, 족욕 등으로 나눈다. 이는 에센셜오일의 향기 입자가 피부뿐만 아니라 호흡을 통해 폐로 흡수되면서 그 경로와 뇌에 미치는 효과를 함께 얻을 수 있다.

흡입법(inhalation method)은 코와 입으로 직접 향을 흡입하는 방법으로 습식법과 건식법이 있다. 이는 심신의 안정 및 자극에 의한 기분 전환, 집중력 향상 등에 효과가 있으며 단시간에 신속한 효과를 볼 수 있다. 습포법(cataplasm method)은 쉽게 말해 찜질을 하는 것이다. 타박상, 삔 곳, 부은 곳, 근육통 등에 좋다.

증발법(evaporation method)은 열을 이용하여 오일의 향을 공기 중에 퍼트리는 방법이고, 확산법(diffusion method)은 아로마 램프, 스프레이, 아로마 포트, 향초 등을 이용해서 좁은 공간 안에 에센셜오일을 분자 상태로 확산시키는 방법이다. 이 중에서 마사지법과 흡입법이 가장 많이 이용되고 있다.

향기 치료에 사용되는 오일은 여러 종류의 나무·풀·꽃·뿌리·잎 등에서 추출하며, 사용할 수 있는 식물은 수백 종이 넘는다. 향기 치료의 효과는 인간이 지닌 거의 모든 증상에서 나타나고 있으며, 활용 범위도 점점 확대되고 있고 대체의학으로 발전하고 있다. 이처럼 향기 치료는 심신의 건강을 종합적으로 다스릴 수 있는 자연치유법으로 특별한 부작용 없이 탁월한 효과를 낼 수 있기 때문에 전 세계적으로 각광받고 있다.

하지만 향의 농도가 너무 진하거나 향에 너무 오랜 시간 노출될 경우, 또는 함부로 오일을 복용하는 경우에는 부작용이 일어날 수 있으며, 특히 간질 환자에게는 역효과가 나타날 수 있으므로 주의가 필요하다. 임산부의 경우는 산모와 태아에게 좋지 않은 영향을 미친다는 보고도 있다. 향기 치료는 원래 100%의 정제된 오일을 사용한 질병 치료, 피부

미용, 심리 회복과 관련된 치유 행위를 일컫는 것이지만, 향수나 방향제와 같은 용도로도 많이 쓰이고 있다.

Tip

에센셜오일의 보관법

– 오일은 반드시 빛이 차단하는 어두운색의 유리병에 넣어 보관한다.

– 고농도로 농축된 에센셜오일은 독성이 있기 때문에 절대로 먹지 않는다.

– 직사광선이나 창가를 피해 시원한 곳에 보관한다.

향기가 몸에 미치는 영향

좋은 향을 맡으면 기분이 좋아지고 마음이 편안해진다. 숲속에 가면 자신도 모르게 숨을 깊이 들이쉬고 내쉬면서 호흡을 깊게 하게 된다. 숲속 공기 속에는 피톤치드를 비롯한 나무가 뿜어내는 다양한 향기들이 존재하는데, 이 성분들은 몸의 활력을 북돋고 머리를 상쾌하게 한다. 좋은 숲 향기를 깊이 들이마시려는 사람들의 본능인 셈이다.

향기가 신체에 미치는 영향은 일상에서도 다양하게 느낄 수 있다. 예를 들어 기분이 좋지 않을 때 신선한 오렌지 향을 맡으면 마음이 가벼워진다. 솔잎 향은 상쾌하고 편안한 기분이 들게 하고, 페퍼민트 향은 머리를 맑게 해서 기억력을 높여 준다. 또 라벤더 향은 긴장을 풀어 주어 스트레스를 완화시킨다.

향기가 신체에 영향을 미치는 것은 단순히 기분에 의한 것이 아니다. 향기는 코의 후각 신경을 통해 뇌의 변연계에 전달된다. 변연계는 우리 뇌 속에서 기억·감정·호르몬 조절 등을 담당하는 기관으로, 향기는 이곳을 통해 감정과 기억, 호르몬 분비 등에 직접적인 영향을 미친다. 호르몬 분비를 조절하면, 몸의 여러 증상을 약화하거나, 강화할 수 있다.

아로마테라피는 향기를 맡는 것에 그치지 않고 몸에 직접 사용하기도 한다. 상당수의 허브는 바이러스나 세균에 대항하는 성질이 있으며, 혈관 확장 또는 혈관 수축 등의 효능이 있어 치료에 직·간접적인 도움을 줄 수 있다.

암 환자에게 아로마테라피 사용하기

많은 연구에 의하면, 아로마테라피는 암 환자의 불안·우울증·긴장·수면장애·통증·오심·구토·식욕부진 등의 부작용을 완화하는 효과가 있다. 특히 부작용 때문에 체력 소모와 스트레스가 심한 항암 치료 환자들에게서 좋은 반응을 보였다.

다양한 논문에 따르면 라벤더오일을 이용한 아로마 손 마사지는 암 환자의 불안 감소와 수면의 질을 높이는 데 효과가 있었다. 오렌지·마조람·로즈우드오일을 이용한 아로마 손 마사지는 암 환자의 수면의 질을 개선시켜 수면 만족도를 높였으며, 우울감과 생리적 스트레스 반응을 완화시키는 것으로 나타났다.

또 오렌지·라벤더·샌들우드오일을 이용한 아로마 마사지는 유방암 환자들의 불안감을 감소시켰고, 프랑켄센스·베르가못·라벤더오일을 이용한 아로마 손 마사지 역시 유방암 환자의 통증·우울·불안을 감소시키는 것으로 보고됐다. 페퍼민트와 베르가못오일을 이용한 향기 흡입이 항암 치료 중인 환자의 오심, 구토와 식욕부진을 완화시켰다는 논문도 있다.

※ 암 환자에게 아로마테라피를 시행할 때 주의할 점

아로마테라피는 마사지, 목욕, 흡입 등 여러 가지 방법으로 시도할 수 있으며 위험 요소나 부작용이 적어 누구나 쉽게 즐길 수 있다. 그러나 암 환자에게 아로마테라피를 시도할 때는 환자의 통증이나 혈액 순환, 수면장애 정도와 심리적 컨디션까지 고려한 후 섬세하게 치료법을 조절해야 하므로 전문가인 아로마테라피스트의 지도를 받는 것이 좋다.

- 아로마 마사지를 할 땐 부드럽게 쓰다듬듯 하고, 강한 마사지 기법 또는 안마 등의 동작은 피한다.
- 림프절 연결 부위는 마사지하지 않는다.
- 에센셜오일은 1% 이하로 희석하여 사용한다.
- 항암 치료로 인해 오심 또는 구토 증상이 있을 때는 아로마테라피를 하지 않는다.
- 아로마테라피 시간은 개인에 따라 적절히 조절하되, 피로감이 심한 집중치료 환자는 최대 45분을 넘기지 않는다.
- 항암 치료 중인 환자는 후각이 매우 예민하므로, 강한 향은 지양하고 부드럽고 편안한 향을 선택한다.
- 암 환자에게 아로마테라피를 적용할 때는 담당 의사와 상의 후 전문 아로마테라피스트의 도움을 받는다.
- 아로마테라피 후에는 최소 10분 정도 휴식을 취한다. 간혹 첫 아로마 마사지 후 피로감을 느낄 수 있지만 시간이 지나면 괜찮아진다.
- 샤워나 목욕은 아로마 마사지 후 에센셜오일이 피부에 충분히 스며들어 작용할 때까지 기다려(최소 8시간 후) 시행한다.
- 아로마테라피 후 신선한 물, 과일 주스, 녹차 등을 마시면 노폐물 배출에 도움이 된다.

8장

보론:
대체의학을 넘어 자연치유 통합의학으로

대체의학의 등장

최근 문명이 발달하고 경제 수준이 향상됨에 따라 질병의 양상과 사망 원인이 크게 변모하여 이전에 많았던 영양실조 · 전염병 · 기생충병 등과 같은 감염성 질환이나 급성 질환에 의한 이환율이나 사망률은 매우 급속히 감소된 반면, 암이나 만성 질환의 유병률과 이로 인한 사망률이 점점 높아지고 있다(김정순, 1991).

통계청(1994)의 보고에 의하면 악성종양, 뇌혈관 질환, 고혈압 등의 만성 질환에 대한 사망률이 높아졌기에 만성 질환자에 대한 효율적인 건강관리 요구가 높아지고 있다. 만성 질환은 급성 질환과는 달리 서서히 발병되고 점진적으로 그 증상이 심해지면서 악화되며, 이러한 문제가 장기간에 걸쳐 나타나므로 일생을 통해서 계속 조절해 나가야 하는 어려움이 있다(straussetal., 1984).

또한 현대의학으로 증상의 조절은 가능하나 완치되지 않으므로 만성 질환자들은 자신의 질병 관리를 위해 정통적인 건강관리, 즉 현대의학이 흡족하게 만족시켜 주지 못하는 부분에 대해 또 다른 요구를 나타내고 있다. 다시 말해, 환경 변화로 인해 질환의 종류가 다양해지자 사람들은 난치병과 만성, 퇴행성 질환으로 시달리게 되었다.

그러나 정통의학만으로 이를 극복하고 치료하는 데 한계에 도달하자, 사람들은 정통의학 외의 다른 치료법을 찾기 시작했고 이를 보완하거나 대체할 수 있는 의학의 필요성이 대두되었다. 이에 오랜 시간 동안 음지에 머물러 있던 다양한 자연요법들이 대체의학이란 이름하에 북미와 유럽 지역에서 시행되고 점차 관심이 증폭되고 있는 것이다.

대체의료 또는 요법(alternative medicine & therapy)은 현대의 과학적인 의학의 수준으로 효능, 부작용과 독성 등이 검증된 현대 의료인 정통적 의료(orthodox medicine)에 반한 비정통적 의료(non-orthodox medicine)로서 정통적 의료와는 다른 이론과 경험의 근거하에서 시행되고 있는 모든 치료와 방법을 총칭하며, 일반적인 서양의 전통적 의료(conventional medicine)와 비교되는 의료를 말하며, 비전통적 의료(un-conventional medicine)라고 쓰기도 한다.

영국에서는 전통 의료에 대해 반대되는 어감이 있어서 보완 의료(complementary medicine), 즉 전통의료와 보완 관계를 이룰 수 있는 의료라고 표현하고 있으며(Gordon JS, 1996), 이는 주로 경험에 바탕을 둔 의료로서 정통적 의료가 흡족하게 만족시켜 주지 못하는 분야인 만성적인 질환에 예방 및 치료의 일부를 담당하고 있다(정양수, 1997).

한의학 · 중국의학 · 인도의학 등 각국의 전통의학, 척추지압요법(chiropractic)과 같은 의학체계, 영양보조식품 · 온천요법 등 민간요법, 에너지요법 등의 심신과 관련 있는 요법 등이 거론되고 있으며, 이들

요법은 정신 · 신체 · 혼의 상호작용이나 균형을 중시하여 병에 대한 면역기구를 높이는 데 중점을 두고 있다.[1]

대부분 침습이나 동통이 따르는 기존의 치료법에 비하여 침습과 부작용이 비교적 적은 것이 특징이다. 따라서 유효성이나 안전성을 과학적으로 증명하지 못한다는 비판이 있는 한편, 환자의 권리운동, 생활의 질을 중시하는 사회적 동향 등에 의해 세계 각지로 그 보급이 확대되고 있다.

미국의 국립위생연구소 내에 국립보완대체의학센터를 신설, 연구에 착수함으로써 대체의학의 주류의료로의 편입을 계획하고 있으며, 미국의 의대생 82%가 이러한 종류의 요법을 수련받기를 희망하고 있다. 1997년에는 미국 국민 42%가 하나 이상의 대체의료를 경험했다는 보고가 있는 등 대체요법에 대한 관심과 연구가 활발해지고 있다.

대체요법의 특성상, 정통의료를 통해 개선되지 못하는 질환들에 사용되는 경향이 있는데, 특히 암 환자, 만성 질환자 등을 중심으로 대체요법이 활발히 행해지고 있다. 『만성 질환자의 대체요법 이용 실태 조사연구』[2]에 따르면 만성 질환자의 대체요법 이용 유무에 대한 조사에서 51.2%가 대체요법을 이용한 것으로 나타났다.

만성 질환자가 사용한 대체요법 종류를 살펴보면 식이 및 영양 요

---

1   강영희. 「대체요법」『생명과학대사전』 개정 2014.
2   이여진 · 박형숙.『만성 질환자의 대체요법 이용 실태 조사연구』 기본간호학회지 1999년 6권 1호 pp. 95 - 113.

법이 40.2%, 약초 요법이 25.8%, 침 요법이 17.4%로 3가지 종류가 83.4%로 대부분을 차지하였고, 대체요법 이용 장소로는 집이 44%, 한의원이 40.2%로 대부분을 차지하였다. 만성 질환자가 대체요법을 이용한 기간은 3개월 미만이 51.5%로 가장 많았으며, 이용 동기는 친구의 권유가 31.8%, 본인 스스로가 25.8%, 가족의 권유가 23.5%로 나타났으며, 이용비용은 정통 의료와 비교해서 상대적으로 싸다는 것이 76.5%로 대부분을 차지했다.

만성 질환자가 대체요법을 이용한 후의 만족 정도 결과를 보면 매우 만족이 21%, 약간 만족이 53.3%, 약간 불만족이 24.7%, 매우 불만족이 1%로 74.3%의 환자가 대체요법에 만족하고 있는 것으로 나타났으며, 각 질환별로는 악성 종양인 대상자가 86.1%로 가장 높게 만족한다고 나타났다.

연구 결과에서 만성 질환자들의 대체요법 이용 빈도는 과반수 이상을 차지하였는데 이는 국내외의 연구 결과와 유사함을 알 수 있었고, 이용한 대체요법 종류 또한 국내외의 연구와 유사한 결과를 나타냄을 알 수 있었다. 만성 질환 중에서는 악성종양 환자들에게서 대체요법 이용 빈도나 종류가 많이 나타났는데, 이는 현대의학의 주류인 양방이 아직 정복하지 못한 질병 치유에 대해서는 대체요법에 더 많은 관심을 가지고 있음을 추측할 수 있다.

대체요법 종류에서 가장 많은 부분을 차지한 식이 및 영양 요법이 대부분 본인 스스로나 가족, 친구의 권유에 의해 집에서 이루어지는 경우가 많은 것으로 나타났는데, 이는 아직까지 대체요법에 대한 체계적인 교육이나 홍보가 이루어지지 않았기 때문이라 생각된다. 대체요법의 이용 후의 반응에 대해서는 특별한 부작용은 없었으며 대체적으로 만족함을 보이고 있었다. 하지만 질병 치유 효과보다는 정통 의료의 보조 요법, 즉 몸을 보호해 준다는 보약 차원이나 정통 의료에서 만족하지 못한 부분에 대해 대체요법에 기대를 걸어 보자는 심리적 기대로 이용하고 있음을 알 수 있었다.

대체의학의 이용이 증폭된 이유(유희정 · 노은여 · 이철 · 한오수, 1999)로는 첫째, 의료비 절감 차원에서 국가가 예방의학으로서 대체의학에 관심을 기울이기 시작했기 때문이고, 둘째로는 질병의 종류가 다양해지고 정통의학적 치료 효과에 한계가 드러났기 때문이다. 즉, 적절한 진단과 치료 방법이 정립되어 있지 않은 기능성 질환 또는 만성 퇴행성 질환 내지 말기 암과 같은 질병은 정통의학적 치료에 한계가 있지만 대체의학은 이러한 환자들 관리에 효율적이다.

셋째로는, 심리적인 문제이다. 즉, 대체의학 요법에서는 보다 적극적으로 내 몸의 치료에 개입하면서 내 몸의 주인이 바로 '나'라는 자긍심을 느끼게 된다고 한다. 넷째, 대체의학은 인공화학약물이나 수술이라는 극단적 방식의 폐해를 막아 주고 장기적으로 치료에 적용해도 부작용이 적기 때문이다. 다섯째, 질병 예방과 건강 증진 차원에서 도움이 된다는 데 있다.

「대체의학 선택과 관련된 사회 심리적 요인」[3]에서는 대체의학에 대한 관심이 증대한 이유와 그 만족도에 대해 연구했는데, 연구 대상들은 대체의학을 평균 적으로 2.3+1.6 치료법을 사용하며, 76%가 적어도 한 번 이상은 대체의학요법들을 사용한 경험이 있는 것으로 나타났다.

여성, 높은 교육 수준, 건강이 좋지 않거나 만성 질환자일수록 대체의학을 많이 사용한다는 결과를 보여 줬는데, 이전의 연구(Al-Widi, 2004 ; Andrews, Wes, & Mille r, 2004)에서 교육 수준이 높을수록 대체의학을 선호한다는 결과를 보여 준 것과 마찬가지로 본 연구에서도 대학원졸 이상의 고학력자에서 대체의학을 선호하는 경향이 나타났다. 이에 대해 학력이 높을수록 자신의 질병에 대한 관심도 많고 자기 통제력이 크기 때문인 것으로 생각된다고 밝혔다.

질환에 따라 대체의학 1선호도가 다른 것을 볼 수 있는데, 심혈관계 질환과 근골격계 질환에서는 정통의학이 불만족스럽다고 답하였는데, 2002년 이여진과 박형숙의 연구에서도 같은 현상을 보였다. 개개인의 사회 심리적요인은 건강행동에 영향을 미쳐서 결과적으로 대체보완요법의 선택에 영향을 미칠 것으로 생각된다.

예를 들어, Honda와 Jacobson(2005)의 연구에서는 개방적인 성격일수록 모든 경험에 개방적이기 때문에, 비록 추천되지 않고 부적절한 대체보완요법일지라도 받아들이는 데 긍정적이고, 그에 비해 외향성 성향을 보이는 사람일수록 정신-신체 상관 치료에 대한 선호도가 떨어지

---

3   권혁중 외. 한국심리학회지, 2008, vol. 13, no. 2, pp. 537-550.

고 좀 더 구체적이고 활동적인 형태의 대체요법을 선호하는 경향을 보였다.

즉, 대체요법은 정통의학의 맹점에 대응하기 위해 요구가 증대되었을 뿐만 아니라 의료비 절감을 위한 국가적 차원의 관심으로 인해 그 수요와 공급이 모두 증가하는 추세이다. 대체요법뿐만 아니라 정통의학에서도 마찬가지겠지만, 환자의 심리가 결과에 영향을 주는 경향이 있으며, 대체요법이 신뢰를 더 획득한다면 그 효과는 더 증대될 수 있다고 볼 수 있다.

한편 대체요법은 다양한 사회·문화적 요인들에 영향을 받은 건강관 차이에 의해 국가마다 다르게 나타나기 때문에 분류하기가 쉽지 않다. 미국의 국립 보건원(National Institute of Health, NIH)에 의하면, 정신-신체 상관 치료(mindbody intervention), 생전자기장 치료(bioelectromagnetic therapy), 대체 의료 체계(alternative systems of medical practice), 수기 요법(manual healing method), 약물 pharmacologic and biologic treatment), 약초 요법(herbal medicine), 식이와 영양 요법(diet and nutrition) 등의 7가지 범주로 분류하고 있다.

① 정신-신체 상관 치료로서 정신과 육체가 서로 깊이 관련되어 있음을 전제로 여러 가지 다양한 방법이 존재한다. 여기에는 정신 치료, 바이오피드백, 미술 치료, 음악 치료, 이완 요법, 최면 요법처럼 이미 현대의학계의 임상에 이용되고 있는 것을 포함하여, 명상·요가·무용 치료·기도와 영적 치유 등이 포함된다.

② 생전자기자장 치료로 살아 있는 생명체와 전자기장과의 상호 작용을 이용한

치료로서 대표적인 예로 잘 붙지 않는 골절의 치료에 전기적 자극이나 자기장을 이용한 것이다.

③ 대체의학 체계로서 전통 중국 의학, 인도의 전통 의학인 아유르베다 의학, 동종 의학, 침술 등이 이에 속한다.

④ 수기 요법인데, 손을 이용한 치료로서 정골 요법, 척추교정 요법, 정형 의학, 스트레칭, 마사지 요법, 물리치료가 여기에 포함된다.

⑤ 약물 치료로서 관상동맥 질환에 킬레이트제를 사용하는 경우나 암 환자에게 상이연골 치료를 하는 경우를 말한다.

⑥ 약초 요법으로 한약, 인삼, 은행잎 추출물, 민간요법 등을 사용하는 것이 여기에 속한다.

⑦ 식이와 영양 요법으로 일일 요구량보다 많은 다량의 비타민과 미네랄을 투여하는 것 등이다(Gordon JS, 1996).

우리나라에서는 대체요법에 대한 체계적인 분류가 없는 실정이지만, 정양수(1997)의 연구에 의하면 침 요법, 수기 요법, 약초 요법, 자기 요법, 식이 및 영양요법, 그 외로 무의, 기 치료, 요가, 명상, 단전호흡, 단식 등으로 나누고 있다.

① 침 요법이란 한의원, 한방병원에서 행하는 침술 이외에도 집에서 행하는 수지침 모두를 포함한 방법이다.

② 수기 요법이란 물리치료, 지압, 마사지 요법 등을 포함하고 있는 것으로 병의원에서 행하는 것을 제외한 것이다.

③ 약초 요법은 한약, 향약, 은행잎 추출물, 그 외 민간요법에서 사용해 온 묘약 등을 포함하고 있는 것으로 약국이나 병원에서 처방받거나 구입한 것은 제외되었다.

④ 자기(자석) 요법은 인체에 자기성분이 부족하면 건강 이상이 초래된다는 것으로, 각자의 질병 치료에 필요한 경락을 통해 필요한 자력을 흘려보내는 방법이다.

⑤ 식이 및 영양 요법은 물, 약술, 과일 및 곡식류, 동물과 생선, 어패류 모두를 이용한 방법으로 벌독을 이용한 봉독 요법도 포함하고 있다.

⑥ 그 외에 단전호흡, 수영, 고주파 요법, 쑥뜸, 생식 요법, 찜질 등이 포함된다.

한마디로 대체요법, 대체의학은 서양 철학에서 비롯된 현대의 서양 의학에 포함되지 않는 요법과 의학인 것이다. 정양수의 연구에 따른 대체의학 분류를 살펴보면, 동양 철학에서 비롯된 한의학에서 거의 침, 수기(추나, 부항), 약초(한약), 봉독, 쑥뜸 등 거의 모든 분류의 요법을 사용하는 것을 알 수 있다.

신명과 심신의학

『한민족의 신명과 대체의학』[1]에서는 동양철학을 기반으로 '신명'이라는 건강 상태와 이를 유지하기 위한 대체의학에 대해 이야기하고 있다.

'신명'은 '신명나는' 과정 이후에 오는 맑고 밝은 심신의 상태이다. '신명나는' 과정이 정화 단계로 어떤 부정적으로 맺힌 것(恨)이 풀리는 과정이라면 '신명'은 승화 단계로 각성과 통찰, 의식의 변화가 일어나게 되어 과거 삶의 답습이 아닌 건강하고 행복한 새로운 삶으로의 시작을 의미한다. 과거 '신명나기' 위해서 행해졌던 전통적인 축제나 굿, 가무, 놀이 등의 행위가 오늘날 질병의 관리와 치료의 도구로 연구·활용되어 대체의학의 요법으로 인정받고 있다. 명상과 기도요법, 여러 종류 의 예술치료와 놀이치료가 임상에 적용되고 있으며, 국내의 경우 사물놀이, 탈춤, 민요, 시조창 등을 활용한 긍정적 연구 사례가 발표되고 있다.

대체의학은 질병에 대한 직접적인 적용뿐만 아니라 예방의학으로 더

---

1   정유창. 『한민족의 신명과 대체의학』. 국제뇌교육종합대학원 국학연구원 2014. 08.

욱 주목받고 있다. 유해한 환경과 각종 스트레스와 질병에 노출되어 있는 현대인에게 한민족이 삶 속에서 실천해 온 '신명문화'는 치유와 예방의학으로서 필요성이 요구되며, 무엇보다 '신명'과 '신명문화를 적용한 프로그램 개발과 질 높은 임상연구를 통해서 전통문화의 우수성을 알리고, '생활 속의 의학'으로서 한 걸음 더 나아가야 할 것으로 사료된다.

신명을 동양철학의 기본원리인 음양론(陰陽論)으로 설명하면, 신명은 본디 비워지고 해소된 무(無)의 상태이나 현상계에서는 음양(陰陽)이 필연적으로 작용하여 음(陰)과 양(陽)이 조화로운 태극(太極)이 된다. 이것은 신명의 음(陰)과 양(陽)으로 신명의 음(陰)이 무극(無極)이라면, 음양이 조화로운 태극은 신명의 역동성을 나타낸 양(陽)이라고 할 수 있다.

신명의 음양(陰陽)이란『삼일신고(三一神誥)』에서 설명하는 비어 있는 듯하나 두루 꽉 차 있는 하늘과 같은 것으로서 신명은 하늘과 같은 마음, 본성을 회복한 상태의 마음을 의미하고, 신명의 양(陽)인 태극에서 음과 양은 각각 정적인 속성인 맺힘(陰)과 동적인 속성인 풀림(陽)을 상징한다. [2] 전통춤이나 국악의 구성이 맺고 푸는 형식으로 구성되어 신명나는 춤사위와 가락이 되듯이 음양이 조화로우면 기혈순환이 원활한 건강한 상태라고 할 수 있고, 어느 한쪽이 커지거나 작아져 음양의 균형이 깨지면 병리상태가 된다.

2   김열규. 『한국인의 원한과 신명』 서당. 1991. p. 126.

김성호는 연구[3]에서 맺힘은 한(恨)으로, 풀림은 흥(興)으로 설명하고 있는데, 오행론(五行論)과 칠정론(七情論)에 의하면 칠정(七情)의 과격한 상태가 병을 일으키니, 과도한 기쁨 또한 사람의 신기(神氣)를 소모시키므로 경계해야 하고, 분노는 가장 쉽게 인간의 심신을 손상케 하니 특히 경계해야 함을 강조하고 있다. 양생(養生)에 있어서 칠정의 조절은 무엇보다 중요하므로 적게 웃고, 적게 기뻐하며, 적게 근심 하고, 적게 슬퍼하고, 적게 분노하고, 적게 좋아하며, 적게 미워해야 한다.[4]

삶에서 맺힘과 풀림은 필연적으로 되풀이되지만 칠정(七情)의 적절한 조화로움에서 양생할 수 있다. 따라서 '신명'하려면 '신명나는' 과정을 통해서 기쁨과 슬픔과 분노와 원망 등 맺힌 감정들을 눈물로 땀으로 함성으로 쾌감으로 진동으로 떨림으로, 과하고 맺힌 것은 풀고 부족한 것은 채우면 음양오행의 조화로운 상태, 건강한 상태가 되는 것이다.

예로부터 동양에서는 외계의 사물과 현상에 대한 정서적 반응으로 생체에 생기는 변화기전을 노(怒)·희(喜)·사(思)·비(悲)·공(恐)·우(憂)·경(驚)의 칠정(七情)으로 설명하였고, 현대사회에서 질병의 원인을 거론할 때 비중 있게 다루어지고 있는 스트레스 또한 삶에서 발생하는 필수적인 자극으로 심신의 건강을 저해하는 중요한 요인으로 현대인에게 인식되고 있다.

---

3   김성호. 『신명의 치유력에 관한 분석』 경기대학교 대체의학대학원 석사학위논문 2005.

4   『한방양생학』 계축문화사. 2004. pp. 5982.

미병(未病)은 건강과 질병 사이에서 광범위한 범위에 걸친 연속적 개념[5]으로, 수많은 심리적 자극과 스트레스에 노출되어 있는 현대인은 이미 과반수가 미병 상태에 있는 것으로 조사[6]되고 있다. 미병은 각종 스트레스와 칠정 등 사기(邪氣)는 침입했으나 병증은 드러나지 않은 초기 상태를 의미하는 것[7]으로, 미병 상태에서는 정상 상태로 돌아가는 것이 수월하나 적정선을 넘게 되면 한이 맺히기 시작하여 삶의 기능이 저하되고 해소 작업을 필요로 하게 된다. 즉, 질병뿐 아니라 미병 또한 치료의 대상으로서 바라보아야 하며, 전통의학만으로는 부족한 부분이 많으므로 다양한 대체의학을 통해 건강을 도모해야 한다.

최근 의료 현장에서는 몸과 마음을 하나로 통합해서 질병을 관리하고 치료하고자 하는 방법들이 폭넓게 연구되고 받아들여지고 있는데, 이것이 바로 대체의학의 한 분야인 심신의학(心身醫學, mind-body medicine)이다. 심신의학의 범주에 들어가는 명상이나 호흡법, 기공, 태극권, 요가 등은 동양에서 오래전부터 행해 오던 방법들로 정기신(精

5   이상재·이송실·김도훈, 「미병 연구의 경향에 관한 고찰」 『대한한의학원 전학회지』 23(5). 대한한의학원전학회. 2010. p. 33.

6   연구에 의하면 미병에 해당하는 인구가 적어도 인류의 2분의 1을 차지하는 것으로 알려지고 있다. 전국한의과대학예방의학교실. 『한방양생 학』계축문화사. 2004. p. 15; "우리나라 성인 10명 중 5명은 특별한 병이 없음에도 건강상 불편함을 호소하는 '미병 증상'을 갖고 있는 것으로 나타났다." 「성인 10명 중 5명 미병 호소」 『디지털타임즈』 2013년 12월 3일자.

7   민진하 외 3명. 「치미병 사상 연구」 『대한한의학원전학회지』 23(1). 대한한의학원전학회. 2010. p. 259.

氣神) 이론과 밀접하다.

정기신(精氣神)은 인체의 생명 활동을 설명하는 이론으로서 정(精)은 인체를 구성하는 기본물질인 동시에 각종 기능 활동의 물질적 기초가 되는 것으로 신(身)에 해당하고, 신(神)은 심(心)이 주관하는 정신과 사유활동(思推活動)을 의미하니 심(心)에 해당된다. 따라서 심신 의학의 심신(心身)과 정기신의 정신(精神)은 같은 의미라고 볼 수 있다.

기(氣)는 인체를 구성하고 생명 활동을 유지하는 유동적(流動的)인 물질로 정(精)과 신(神)을 연결하는 매개체이다. 정(鞠)과 기(氣)를 인체 생명 활동의 기본 물질이라고 하면 신(神)은 정기(精氣)에서 생겨난 것으로 사람의 의식·사유·이성·기억·지각 등을 포괄한다. 정·기·신은 각각 생명존망(生命存亡)의 관건이 되므로 삼보(三資), 즉 세 가지 보물 또는 삼원(三元)이라 하여 인체 생명 활동에 매우 중요한 세 가지 근원으로 보았다.[8]

정기신(精氣神)과 관련하여 한국 선도(仙道)에 정충기장신명(精充氣 壯神明)의 원리[9]가 있다. 정(德)이 충만하면 기(氣)가 장해지고 기(氣)가 장해지면 신(神)이 밝아져 신명(神明)에 이른다는 것이다. 이 원리에 의하면 개인이 심신수련을 통해서 신명에 이를 수 있고, 신이 밝아지면 순수의식을 회복하게 되어 인간으로서 어떻게 살아가야 할지 올바른 뜻

8   배병철 편. 『기초한의학』. 성보사. 1997. p. 616.
9   이승호, 『한국 선도사상에 관한 연구』. 대전대학교대학원 철학과 박사학위 논문. 2010. pp. 195-196.

을 세우고 그 뜻을 위해 자신의 마음을 조절할 수 있게 된다고 설명[10]하고 있으니 '신명'이야말로 심신의학이 지향하는 마음이라고 할 수 있다.

10 윤홍식, 『초보자를 위한 단학』. 봉황동래. 2005. p. 25. 이승헌. 『단학』. 한문화, 2003. pp. 99-103.

자연치유 통합의학을 향해

정리하자면, 과거 의사들은 사람의 마음을 치료하여 질병에 걸리지 않도록 하였다고 한다. 비록 치료법은 다르지만 병의 근원은 하나인 것이니, 병은 마음으로 인하여 생기는 것이라고 하여 질병을 치료하려면 먼저 마음을 다스려야 한다고 했다. 병자로 하여금 마음속에 있는 의심과 생각들, 모든 망념과 불평, 모든 차별심을 다 없애고 평소 자신이 저질렀던 잘못을 깨닫게 하면, 즉 몸과 마음을 비우면 질병은 저절로 낫게 된다는 것이다. [1]

이러한 동양 전통의 개념이 서구사상이 지배적으로 작용하면서 서서히 잊혔는데, 오히려 서구에서 연구되어 심신의학(心身醫學, mindbody medicine)이라는 이름으로 의료에 적용되고 있다. 심신의학은 대체의학의 한 분야로 대체의학은 기존 제도권 의료에 대한 보완과 대체요법의 필요성으로 등장하게 된 새로운 의학 분야이다. 심신이원론을 사상적 기반으로 하는 서양의학이 최근 질병의 치료와 관리에 심신의학을 적극

---

1   허준, 윤석희 · 김형준 외 편, 『동의보감』 동의보감 출판사. 2005. p. 19.

활용하고 있는 것은 '질병과 건강'에 '마음'의 중요성을 인식하고 있다는 증거이다.

전 세계적으로 대체의학의 비중은 날로 높아지고 있는 추세로 의료 · 건강에 있어서 마음 · 정신의 중요성은 더욱 강조될 전망이다. 대체의학은 질병에 대한 직접적인 적용뿐만 아니라 예방의학으로 더욱 주목받고 있다. 현대인의 과반수가 이미 미병(未病) 상태에 있고 심각한 질병의 대부분이 생활 습관에서 비롯된 만성질환으로 보고되고 있으니 대체의학의 역할은 매우 중요하다고 하겠다.

또한 정신심리 문제가 심각한 사회문제로 대두되고 있는 만큼 정신건강의 중요성 또한 부각되고 있다. 따라서 기존 제도권 의료에서 다루지 못한 영역에 대해 포기하는 것이 아니라, 대체의학을 적극 활용하여 이를 보완하는 치료가 필요할 것이다. 또한 치료를 넘어 미병의 해결을 통한 질병의 예방까지도 불가능이 아닌 가능의 영역에 있다. 대체의학은 더 이상 '대체'의학이 아닌 기존 의학과 함께 사람을 치료하는 오롯한 '의학'으로서 자리매김해야 한다.

무언가를 '대체'하기 위한 수단으로서의 '대체의학'은 이미 한계를 지닌 단어다. 기존의 정통 의학에서 해내지 못한 부분에 '보완'의 의미로 사용되어 정통 의학에서 다루는 부분에 대해 효과가 있더라도 그 가능성을 다 보여 주지 못할 것이다. 『한의학 이론의 현대화에 관한 연구』[2]에

---

2   김순신·김용진. 『韓醫學 理論의 現代化에 관한 研究』. 대전대학교 한의학연구소.

서는 한의학이 오늘날 서양 과학 문물이 우리에게 들어온 때부터 지금까지 학문적인 비판, 즉 방법론상의 문제(자연과학적 방법을 사용하는 것과 아울러 연구 결과의 보편적 인정받을 수 있는 검증)는 여전히 지속되고 있고 오히려 한의학 이론의 정체성조차 찾을 수 없다는 두려움이 오늘날 한의학 곳곳에 비쳐진다.

이러한 모습은 오늘날의 한의학이 과거 한의학의 이론지식을 현대에 맞게 선별하지 못하고 아울러 현실에 맞는 학문 방법을 개발하여 새로운 한의학 이론지식을 생산해 내지 못했다는 증거라고 생각된다고 했다.

하지만, 오늘날의 한의학은 이미 현대화되어 있다고 이야기한다. 그렇지 않았다면 오늘의 사회에서 존재하지 못하였을 것이기 때문이다. 현대화로도 번역되고 근대화로도 번역되는 'modernization'은 합리주의, 실증주의, 역사의 진보에 대한 믿음을 기초로 하는 근대(modernity) 개념에 기반을 두고 있다. 그런데 동아시아에서의 근대화란 기본적으로 서양의 우수한 과학기술, 정치·경제·사회 제도, 가치와 이념을 받아들이는 것이었기 때문에 자신들의 전통적인 가치, 철학사상, 과학기술들이 변화되고 도태되는 것은 피할 수 없었고 이로 인해 피해를 본 입장, 특히 과거 한의학의 입장에서는 서양 과학을 배척할 수밖에 없었다.

또한 서양의학은 좁은 의미의 과학화를 주장하면서 한의학을 비판하

韓醫學編 v. 17 no. 2. 2008. pp. 33-49.

고 있는데, 그 핵심은 과학적 방법을 이용한 연구와 과학적 지식을 토대로 한 현상 설명에 있다. 하지만 과학을 '인간들의 이 세계에 대한 합리적인 지식체계'로 매우 포괄적으로 정의한다면, 한의학은 동양의 전통과학이자 넓은 의미의 과학으로서도 전혀 손색이 없다. 또한 오늘날에도 한의학은 의술로서 그 가치를 여전히 발휘하고 있음을 볼 때, 서양의학에서 비판하는 좁은 의미로서의 과학성을 잣대로 한의학을 비판하는 것은 문제가 많다고 사료된다.

한의학 외에도 각종 대체요법들이 분명히 가치가 있음에도 '의학'으로 인정되지 않고 '요법'이나 '대체/보완 의학'으로 표현되는 것은 이처럼 좁은 시야로 바라보는 것이다. 대체의학이 더욱 연구되고 과학화·현대화되어서 인체를 바라보는 시야가 확장되어 정통의학과 어우러져 통합의학을 이룬다면, 인간이 정복할 수 있는 질병의 범위는 훨씬 넓어질 것이다.

우리가 잃은 것들과
8가지 제안

댄 뷰트너는 20년이 넘도록 장수하는 마을을 찾아다니며 장수의 비결을 탐구해 온 작가다. 그는 2023년에 〈100세까지 살기 – 블루존의 비밀〉이라는 다큐멘터리 작품을 만들었다. 30년 전에는 장수는 곧 유산균이라는 인식이 있어서 천연 발효식품을 먹는 마을들이 자주 소개되었지만, 해당 다큐멘터리는 본질적인 영역에 접근하는 것 같았다. 바로 몸과 마음의 진정한 건강에 대한 통찰력 말이다.

100세 이상의 장수 노인들의 밀집 주거지를 '블루 존'이라고 부른다. 국제장수학회에선 100세 이상의 건강한 장수인의 밀집 도시를 발표하는데, 그는 이들 블루 존 지역 중 일본 · 이탈리아 · 코스타리카 · 그리스의 장수마을을 돌며 그들 삶의 방식을 추적했다. 예상했던 대로 그들은 가공식품을 먹지 않았고, 지역에서 나는 신선한 채소와 곡물, 생선을 다양하게 먹었다. 식사는 모두 집에서 준비했고, 재료를 다듬고 불을 지펴 스프를 끓이며 다양한 자세로 움직였다.

일본 오키나와 장수촌의 집들엔 의자와 소파, 식탁과 같은 그럴듯한 가구가 전혀 없었다. 노인들은 바닥에 앉아 자신의 힘으로 일어서고 앉는 동작을 반복했다. 하체 단련 훈련의 일종인 스쾃(squat)을 늘 하는 셈이다. 이탈리아 사르데냐의 장수촌은 도로가 대부분 끝없는 계단으로 이어져 있었다. 흡사 1970년대 서울의 달동네와 같았다. 이 동네에선 작은 거리를 이동하기 위해서 계단을 올라야 했다.

장수촌에서는 100세 넘은 노인들도 2시간 정도의 저강도 노동을 했고, 모두 제힘으로 움직여 이웃을 만나거나 식료품을 구입했다. 노동은 고되지 않았고, 해 질 녘이 되면 집으로 돌아가 저녁을 준비했다. 음식은 허기를 면할 정도로만 먹었고, 이는 미국인이 보기엔 하루 활동량에 대비해서 터무니없이 적은 양이었다. 마을 사람 누구도 식료품점에 가서 카트 가득 음식물을 채우지 않았고, 냉장고는 며칠 안에 먹을 음식과 발효 식품들로만 간단하게 채워져 있었다. 이들은 지구상에 가장 적은 의료비용으로 가장 건강한 삶을 영위하고 있었다.

그런데 댄 뷰트너가 주목한 것은 적절한 육체 활동과 음식에 대한 것들만이 아니었다. 이들 마을의 공통점은 노인들이 외롭지 않다는 것이었다. 노인들은 젊은이들로부터 존경받고 있었고, 자녀들은 부모의 집 인근에서 함께 사는 것을 당연시 여겼다. 동네마다 공동체 부조와 놀이 모임이 잘 발달되어 있었는데, 누군가 배우자와 사별하더라도 주변 이웃의 도움으로 외로움을 이기고 웃을 수 있었다.

노인들 모두 사교모임에 적극적이었고, 낮에 홀로 집을 지키는 노인은 찾아볼 수 없었다. 자기 일에 대한 자긍심이 있었고, 이들은 기본적으로 타인을 돕는 것이 나를 돕는 것이라는 선한 가치관을 가지고 있었다. 마을에선 축제와 파티가 잦았고, 축제 때 뜰에서 춤을 추고 뛰는 것은 큰 즐거움 중의 하나였다. 당연히 이들 마을엔 요양원과 양로원이 없었다. 양로원에 보내진 노인이 그렇지 않은 노인보다 더 일찍 사망하거나 질병에 걸린다는 통계는 많다.

사르데냐 장수촌에선 이런 민담이 전해지고 있었다. 이 마을에는 예로부터 부모가 늙어서 움직이지 못하면 아들이 부모를 업고 마을 꼭대기에 올라가 부모를 벼랑 끝으로 밀어서 버린다는 불문율이 있었단다. 그런데 한 아들은 이런 풍습을 거부했다. 마을 사람들 몰래 아버지를 산꼭대기 낡은 터에 모시고 매일 음식을 날라 봉양했다. 나중에 청년이 크게 성공해서 널리 이름이 알려지자 사람들이 물었다.

"당신의 성공 비결이 무엇이오?"

청년이 답했다.

"나의 성공은 오직 아버지로부터 얻은 삶의 지혜입니다. 나는 아버지를 버리지 않았습니다."

그 후로 이 마을은 부모를 잘 모시는 것이 성공의 비결이라는 이야기가 전해져 왔다는 것이다.

우리는 몸에 대한 치유가 개별적 인간에 대한 독립적인 영향이라고만 인식하는 경향이 있었다. 하지만 몸과 마음은 분리될 수 없으며, 이 두 가지 요소 모두 사회적 활동과 공동체적 귀속에 의해 심대한 영향을 받는다.

과거 사망보험과 상조보험 상품이 처음 만들어졌을 때 이들의 영업을 가장 크게 방해한 것들은 경쟁사의 보험 상품이 아닌 마을마다 자리 잡혀 있던 공동체 부조 모임이었다고 한다. 병에 걸렸거나 배우자를 잃은 사람에 대한 마을 공동체의 적극적인 부조 전통이 있었기에 그들은 보험의 필요성을 느끼지 못했다는 것이다.

건강의 최대 적이라고 말하는 스트레스 역시 사회적 관계에 큰 영향을 받는다. 어쩌면 현대인은 타인에게 상처받고 집에 돌아와 홀로 치유해야 하는 존재가 되었는지도 모른다.

음식 이야기로 넘어가면, 현대인의 삶은 더욱 끔찍하게 느껴진다. 좋은 재료로 요리해서 오래된 예쁜 접시에 음식을 담아 천천히 맛을 음미하고 가족과 즐거운 대화를 나누는 일은 이제 노동하지 않아도 되는 일부 상류층의 문화적 전통으로 남고 있다. 우리는 무엇이 들어갔는지도 모를 음식을 시켜 15분 남짓한 시간에 모두 삼켜 버리고, 프랜차이즈 커피 매장에서 커피 또는 달달한 디저트를 사 먹는다.

제과점과 커피숍에서 파는 쿠키와 빵은 성분표시 의무가 없기에 이 역시 우린 트랜스지방이 얼마나 들어갔는지 확인하지 못한다. 한국의 디저트 시장은 2020년에 비해 15.38% 성장했다고 한다. 우린 디저트 음식을 찍어 인스타그램에 올리고, 당장 몸이 필요로 하지 않은 음식을 소비한다. 하루에 5천 보도 걷지 않는 사람들이 대형 마트에 주차할 때는 늘 출입구와 가장 가까운 빈 구간을 찾는다.

한국의 직장인은 아침에 일어나자마자 전쟁을 준비한다. '지옥철'에서 인파가 밀어 대는 압력을 견뎌 출근해야 하고, 포화 상태의 도로에선 위협과 경쟁이 난무한다. 우리 삶은 스트레스와 불필요한 음식에 대한 소비와 경쟁으로 점철되어 가는 것 같다. 이런 시대에 건강과 치유라니. 이 얼마나 난해한 일인가. 우리의 몸과 마음이 이 지경까지 내몰린 것은 우리 탓은 아니다. 우린 소비자본주의의 필요에 따라 라이프 스타일을 강요받은 군중일 뿐이다. 결국 시대의 문제다.

삶의 지혜가 필요한 시대다. 만일 공부하지 않고 삶을 직시해서 통찰하지 않으면, 우린 시스템이 강제한 방식대로 살다가 떠날 것이다. 삶의 변화는 아주 작은 것에서부터 시작된다. 몸과 마음의 건강을 위해 우선 식사와 관련한 제안으로 글을 매듭지으려 한다.

1. 작은 식기를 사용하라

그릇과 접시의 크기에 비례해서 음식량에 대한 감각도 달라진다. 탄수화물을 과잉섭취하고 있다고 느낀다면 더 적은 공기를 선택해서 밥을 담자. 언젠가 친구에게 450㎖ 텀블러에 담긴 커피를 권했더니, "에게?" 하는 것이다. 그러면서 친구는 자신의 950㎖ 록키 마운틴 텀블러를 흔들며 말했다. "이 정도는 돼야 넉넉히 마시지." 때로 그릇은 사람의 음식량을 좌우한다.

2. 천천히 허기를 면할 만큼 먹되 균형을 고려하라

혼자 먹더라도 좋은 접시에 정성껏 꾸며서 왕족처럼 천천히 먹자. 음식을 천천히 꼭꼭 씹어 먹는 것만으로도 소화와 대사, 인슐린 저항성 개선에 도움이 된다. 야채와 단백질, 지방을 먼저 먹고 탄수화물을 나중에 먹는 것도 좋다. 채소와 단백질, 지방 섭취를 늘리기 위해 쌈 채소를 활용하는 것도 좋은 방법이다. 좋은 채소로 먼저 포만감을 채우는 것이야말로 폭식을 막는 최고의 방법이다. 혈당을 빠르게 올리지 않으려면 베르사유 궁전에 초대받은 귀족처럼 천천히 씹어 음미하는 것이 좋다. 천천히 먹다 보면 평소 식사량의 3분의 2만 먹어도 배가 불러 오는 것을 느끼게 될 것이다. 허기를 면할 정도로만 먹자.

3. 입맛을 순하게 바꾸자

건강을 위해 음식 조절을 생각하고 있다면 음식의 비중을 생각하기 이전에 입맛부터 바꿔야 한다. "달고 짜고 맵고 기름진 음식을 피하면 무슨 재미로 사나?"라고 묻는 사람들이 많을 것이다. 하지만 금연 또는 금주에 성공한 사람들에게 "담배도 안 피우고 술도 안 먹는데 무슨 재미로 사는가?"라고 물어보았는가.

강한 자극으로 인해 도파민에 중독된 뇌는 더 강한 자극을 원하고, 낮은 자극에 익숙한 뇌는 적은 자극에도 큰 행복감을 느낀다. 음식 조절은 입맛 조절이 90% 이상이라고 보아도 무방하다. 이렇게 입맛을 바꾸면 시중 음식점의 간이 지나치게 강하다고 느낄 것이다. 당신의 입맛이 이상한 것이 아니다. 시중의 음식들 대부분이 손님의 건강보다는 자극적 미각을 위해 조리된다.

4. 물이 아닌 것을 물처럼 마시지 말자

마신 커피의 효과가 몸에서 사라지는 시간이 보통 10시간이라고 한다. 숙면을 취하지 못하거나 단당류 음식을 많이 먹는 사람이라면 우선

물처럼 마시던 음료부터 끊거나 바꿔야 한다. 제로(ZERO) 콜라와 같이 제로라고 안심하면 안 된다. '제로 음료수'엔 단맛을 내기 위해 아스파탐을 사용하는데, 아스파탐은 렙틴 호르몬을 감소시켜 포만감을 낮춘다. 결국 음식을 더 먹게 만든다. 그리고 장내 유해균은 아스파탐을 좋아해서 먹을수록 증식한다.

5. 대체로 간식은 불필요하다

버스를 대절해 지방의 문화재를 보기 위해 답사를 떠난 적이 있다. 점심을 먹고 어느 정도 지났을 때 주변을 둘러보았다. 휴게소에 들른 사람들은 대부분 음료나 호두과자, 스낵과 같은 것을 먹고 있었다. 집에서 싸 온 사과를 먹는 사람은 찾아볼 수 없었다. 간식이 비타민과 미네랄, 섬유질을 보충해 주던 시절이 있었다. 아마도 1990년대까지가 그랬을 것이다. 하지만 이제 간식은 식사를 방해하고, 영양소의 불균형을 초래하는 대표적인 습관이 되었다. 굳이 먹으려면, 사과와 귤, 달걀과 고구마와 같이 1970년대 열차 간식처럼 촌스러워 보이는 간식을 선택하라.

6. 다양한 음식에 도전하자

자극적이거나 기름진 음식을 좋아하는 사람들의 공통점이 있다. 식단이 무척 단조롭다는 것이다. 단조로운 식단은 불만족을 준다. 매일 아침 미역국과 청국장을 먹는 사람이 점심에 밀가루 음식을 찾을 확률이 더 높다. 다양하게 먹으려면 새로운 음식에 대해 알아봐야 하고, 대부분 요리를 해야 할 것이다.

고등어 구울 때 나는 냄새와 튀는 기름이 싫어서 집에서 해 먹지 않았다면 고등어를 사서 손질하고, 무첨가 요거트가 밍밍해서 안 먹었다면 티스푼으로 떠서 천천히 맛을 음미해 보자. 새로운 맛을 느낄 수 있을 것이다. 매일 다양하게 먹을 순 없으니 일주일에 몇 번은 계획을 세워서 새로운 음식에 도전하자. "나 원래 그거 안 좋아해."라고 습관처럼 되뇌지 말고 새로운 음식을 통해 혀의 자극과 민감성을 회복하고, 음식에 대한 고정관념도 깨자.

7. 내 입에 들어가는 것이 무엇인지는 알고 먹자

제품 성분표를 읽지 못하는 사람들은 '올리고당 100'이라고 적힌 제품이 올리고당만을 가지고 100% 만든 제품이라고 착각한다. 하지만 자세히 보면 해당 올리고당은 옥수수 전분 100%로 만들었고, 45%의 당류(단순당)로 만들었다는 성분표가 붙어 있다. 올리브유를 사면서 이 기름엔 올리브를 압착한 기름이 100% 들어 있는 줄 아는 사람이 있다. 뒷면의 성분표에는 혼합올리브유라고 적혀 있고, '정제 올리브유 80%, 압착 올리브유 20%'라는 표기가 있다. 압착 올리브유는 기름을 짤 때 옛날 방식대로 물리적인 힘만을 가해서 짜낸 올리브유다. 정제 올리브유는 열을 가하거나 화학약품을 이용해 정제한다. 결국 좋은 오일 20%에 덜 좋은 오일 80%를 섞은 것이다.

500㎖ 탄산음료에 당류 6g이라고 적힌 것을 보고 설탕이 별로 안 들어갔다고 착각하기도 한다. 자세히 보면 '100㎖당'이라는 표기가 있다. 저탄고지 식단을 결심했다면 목초 버터와 무항생제 방목 달걀, 엑스트라버진 올리브유 정도는 감별하고 먹어야 한다. 상품 산업이 고도화될

수록 소비자들은 더 많이 공부해야 한다. 내 입에 들어가는 것이 무엇인지는 알아야 선택의 주권을 가질 수 있다.

8. 공복 14시간은 모든 것을 새롭게 만든다

저녁 식사 후 최소 4~5시간 후에 잠들고, 공복 상태를 유지하면 대사기능이 회복되고 지방 분해가 원활해진다. 큰 노력 없이 감량하는 방법이기도 하다. 14시간 공복 습관은 금주와 금연 성공에도 크게 기여한다. 가벼워진 몸과 건강을 만끽하고 나면, 음주한 다음 날 무거워진 몸과 무기력이 싫어진다. 공복 14시간은 금연에도 도움을 주는데, 12시간 동안 담배를 피우지 않고 일어났을 때 몸이 절박하게 담배를 원하지 않는다는 것을 깨닫게 된다. 중독은 중독을 부르고, 쉼은 쉼을 부르는 원리다. 12시간 공복 후 먹는 심심한 나물조차도 달콤하게 느껴질 것이다.

몸의 치유력을 회복하는 일은 소비와 중독에 익숙해진 사회 시스템에서 나의 해방을 찾는 과정과도 같다. 시스템에 의해 강제되었던 생활습관이 얼마나 해악이었는지는 잠깐이라도 벗어나 본 사람만이 절감한다. 소비 자본주의의 포로이자 주입 학습된 군중으로 살 것인가, 아니면 내 몸의 온전한 주인으로서 주권을 행사할 것인가. 이 해방의 과정에 독자들이 함께했으면 한다.

단행본

- 강영희. 『대체요법』. 생명과학대사전, 개정판. 2014.

- 기 코르노. 강현주 역. 『마음의 치유』. 북폴리오. 2009.

- 김서형. 『6가지 백신이 세계사를 바꾸었다』. 살림. 2020.

- 김정호. 『마음챙김 명상 매뉴얼』. 솔과학. 2016.

- 김현재 · 홍원식 편. 『한의학사전』. 성보사. 1983. p.168. 이승헌. 『단학』. 한문화. 2003.

- 나시노 세이지. 황성혁 역. 『왜 못잘까』. 북드림. 2023.

- 로버트 러스티그. 이지연 역. 『단맛의 저주』. 한국경제신문사. 2014.

- 마키타 젠지. 문혜원 역. 『식사가 잘못 되었습니다 2』. 더난출판. 2020.

- 마키타 젠지. 전선영 역. 『식사가 잘못 되었습니다』. 더난출판. 2018.

- 말콤 글래드웰 외. 이승연 역. 『코로나 이후의 세상』. Modern Archive. 2021.

- 미키타 젠지.『식사만 바꿔도 젊어집니다』. 북드림. 2022.

- 백영경 외.『다른 의료는 가능하다』. 창비. 2020.

- 벤자민 빅먼. 이영래 역.『왜 아플까』. 북드림. 2022

- 비 윌슨. 김하연 역.『식사에 대한 생각』. 어크로스. 2019.

- 빌 게이츠. 이영래 역.『빌게이츠 넥스트 팬데믹을 대비하는 법』. 비지
니스북스. 2022.

- 에릭 클라이넨버그. 홍경탁 역.『폭염사회』. 글항아리. 2018.

- 오쇼. 마 디안 프라폴리 역.『명상』. 지혜의나무. 2002.

- 윤홍식.『초보자를 위한 단학』. 봉황동래. 2005. p.25. 이승헌.『단학』.
한문화. 2003.

- 조지무쇼. 서수지 역.『세계사를 바꾼 10가지 감염병』. 사람과나무사
이. 2021.

- 조지프 머콜라. 이원기 역.『코로나 3년의 진실 : 록다운에서 백신까지
코로나19 팩트체크』. 에디터. 2022.

- 조한경.『환자혁명』. 에디터. 2017.

- 존 카밧진. 장현갑 외 역.『마음챙김 명상과 자기치유 上』. 학지사.
2007.

- 존 카밧진. 장현갑 외 역.『마음챙김 명상과 자기치유 下』. 학지사.
2007.

- 티모시 페리스. 박선령 · 정지현 역.『타이탄의 도구들』. 토네이도.
2022.

- 최겸. 『다이어트 사이언스』. 린체인저스. 2022.

학술지 · 논문

- 권혁중 외. 『한국심리학회지』. 2008. vol.13, no.2.

- 김성호. 『신명의 치유력에 관한 분석』. 경기대학교 대체의학대학원 석사학위논문. 2005.

- 김순신 · 김용진. 『韓醫學 理論의 現代化에 관한 研究』. 대전대학교 한의학연구소. 韓醫學編 v.17 no.2. 2008.

- 김열규. 『한국인의 원한과 신명』. 서당. 1991.

- 김영환. 『질병환자와 일반인의 자연치유 이용에 관한 연구』. 동방대학원대학교. 2009.

- 김윤정 외.『우리나라 성인의 당뇨병 유병 및 관리 현황』(5). 질병관리청. 2021.

- 김해지. 『제2형 당뇨병 환자의 질병 지각, 임파워먼트 및 자가간호행휘』 아주대학교대학원.

- 목지화.『조현병 환자의 음악치료 프로그램 참여가 전반적 기능에 미치는 영향』. 동아대학교 대학원. 2021.

- 민진하 외 3명. 「치미병 사상 연구」. 『대한한의학원전학회지』. 23(1). 대한한의학원전학회. 2010.

- 박한선. 『코로나 블루의 네 얼굴: 분노, 혐오, 불안, 우울』. KDI. 2022. 5.

- 배병철 편.『기초한의학』. 성보사. 1997.

- 백종우 외.『포스트 코로나 자살예방 정신의료서비스 강화대책』. 대한신경정신의학회. 2021.

- 송성빈.『자연치유를 위한 동양의학과 형상체질에 대한 고찰』. 서울장신대학교 자연치유선교대학원. 2019.

- 애나 렘키. 김두완 역.『도파민네이션』. 흐름출판. 2022

- 윤정식.『자연치유 관점에서 아로마테라피 교육과 체험 프로그램이 중학교 여학생의 우울과 스트레스에 미치는 영향』. 서울장신대학교 자연치유선교대학원. 2021.

- 이경용.『자연치유적 몸펴기 생활운동이 자아존중감, 자기효능감, 삶의 질에 미치는 영향』. 서울장신대학교 자연치유선교대학원. 2015.

- 이상재 · 이송실 · 김도훈.「미병 연구의 경향에 관한 고찰」.『대한한의학원 전학회지』. 23(5). 대한한의학원전학회. 2010.

- 이승호.『한국 선도사상에 관한 연구』. 대전대학교대학원 철학과 박사학위 논문. 2010.

- 이여진 · 박형숙.『만성 질환자의 대체요법 이용 실태 조사연구』. 기본간호학회지 1999년 6권 1호.

- 이예지.『의료 현장 음악치료 활용 현황 및 음악치료사의 인식』. 숙명여자대학교 음악치료대학원. 2022.

- 이인선.『COVID-19 팬데믹 사회적 상황에서의 정신건강에 관한 정신분석학적 연구』. 한신대학교 정신분석대학원. 2022.

- 이인선.『COVID-19 팬데믹 사회적 상황에서의 정신건강에 관한 정신

분석학적 연구』. 한신대학교 정신분석대학원. 2022.

- 배민숙. 『의원 기반 만성질환관리 프로그램이 고혈압 당뇨병 환자의 복약순응도에 미치는 영향』상지대학교 일반대학원. 2020.

- 정수량. 『언어발달지체아동의 수용 · 표현언어 향상을 위한 음악치료 프로그램 개발과 효과』. 동아대학교 대학원. 2021.

- 정유창. 『한민족의 신명과 대체의학』. 국제뇌교육종합대학원 국학연구원. 2014. 08.

- 최영민. 『음악치료 프로그램이 ADHD 아동의 정서지능과 자기조절능력 및 문제행동에 미치는 효과』.동아대학교 대학원. 2020.

- 허준. 윤석희 · 김형준 외 편. 『동의보감』. 동의보감 출판사. 2005.

- Arturo Casadevall · Liise-anne Pirofski. "Ditch the term pathogen". Nature. 2014. 12. 11.

- 『Different time trends of caloric and fat intake between statin users and nonusers among US adults: gluttony in the time of statins?』. JAMA Intern Med. 2014 July ; 174; 1038-1045.

- Erin Fothergil · Juen Guo.1 Lilian Howard 외 『Persistent metabolic adaptation 6 years after The Biggest Loser competition』. 2016.

- Eur Heart J. 『Low-density lipoproteins cause atherosclerotic cardiovascular disease. 1. Evidence from genetic, epidemiologic, and clinical studies. A consensus statement from the European Atherosclerosis Society』. 2017 Aug 21;38(32);2459-2473.

- Geoge v. Mann. 〈Diet-Heart; End og Era〉. The New England Journal1 of Medicine. 1977. 9.

- Geoge v. Mann. 『Cholesterol and Mortality - 30 Years of Follow-up From the Framingham Study』. 1987. 4.

- Gerard J Blauw 외. 『Total cholesterol and risk of mortality in the oldest old〉. The Lancet Journal. 1987. 10.

- Magnus Holmer · Catarina Lindqvist 외. 『Treatment of NAFLD with intermittent calorie restriction or low-carb high-fat diet - a randomised controlled tria』. JHEF REPORTS(3). 2021. 2.

- 『Remnant Cholesterol, Not LDL Cholesterol, Is Associated With Incident Cardiovascular Disease』. J Am Coll Cardiol. 2020 Dec 8;76(23):2712-2724.

- Rudolph L Leibel · Michael Rosenbaum · Jules Hirsch. 『Changes in Energy Expenditure Resulting from Altered Body Weight』. The New England Journal of Medicine. vol 332. March 9. 1995.

- 『U.S. obesity as delayed effect of excess sugar』. Anthropology Department. University of Tennessee. 2020.

통계자료

- 「우리나라 성인의 고 콜레스테롤혈증 유병 및 관리현황」. 『국민건강영양조사』. 질병관리청. 2021. 7.

- 『2020년 3월 국민 정신건강실태조사』. 보건복지부. 한국트라우마스트레스학쇠. 2020.

- 『2020년 5월 국민 정신건강실태조사』. 보건복지부. 한국트라우마스트레스학회. 2020.

- 『2020년 9월 국민 정신건강실태조사』. 보건복지부. 한국트라우마스트 레스학회. 2020.

- 『국민건강영양조사 기반의 성인 비만 심층보고서』. 질병관리청. 2021.

- 『제8기 2차년도(2021) 국민건강영양조사 결과발표 보고서』. 질병관리 청 · 국민건강영양조사. 2022.

언론 · 동영상 자료

- "나쁜 콜레스테롤. 낮을수록 좋은 줄 알았는데… 뜻밖의 연구 결과". 조 선일보. 2023년 8월 23일자.

- "바이토린 스캔들…이번엔 어디로 튀나". 의협신문. 2008년 3월 30일자.

- "성인 10명 중 5명 미병 호소". 디지털타임즈. 2013년 12월 3일자.

- "Forget Cholesterol, Inflammation's the Real Enemy". CBN News. 2013. 2. 4

- "How the Sugar Industry Shifted Blame to Fat Sept". The New York Times. sept. 12, 2016.

- "The sugar conspiracy". The Guardian. 7. Apr. 2016.

- "끼니 반란". SBS 스페셜. SBS. 2013. 03. 10.

- 댄 뷰트너. 「100세까지 살기 - 블루존의 비밀」. Netflix. 2023.

- 「닥터쓰리 - 한미일의사의 쉬운 의학」. youtube.com/channel/ UCkpAw1Z13syiCKj_igxK_xA?sub_confirmation=1

- 「닥터딩요」. https://www.youtube.com/@doctordinho